FLORIAN
FREISTETTER

DIE FARBEN DES UNIVERSUMS

Hanser

1. Auflage 2026

ISBN 978-3-446-28308-4

Vilshofener Straße 10 | 81679 München | info@hanser.de

Umschlag: Anzinger und Rasp, München
Motiv: © ESA / Hubble, N. Bartmann
Satz: Greiner & Reichel, Köln
Druck und Bindung: GGP Media GmbH, Pößneck
Printed in Germany

FSC
www.fsc.org
MIX
Papier | Fördert gute Waldnutzung
FSC® C014496

INHALT

PROLOG

Welche Farbe hat das Universum? Komische Frage, könnte man meinen. Es mag vereinzelt mit ein paar Sternen gespickt sein, aber im Großen und Ganzen ist das Universum offensichtlich leer und schwarz. Als erste Näherung ist das auch absolut korrekt – nur: »Schwarz« ist keine Farbe im eigentlichen Sinne. Und schwarz ist das Universum tatsächlich nur dort, wo nichts ist. Doch auch wenn der Kosmos tatsächlich sehr, sehr leer ist, enthält er dennoch eine Menge Zeug. Und dieses Zeug hat eine Farbe. Oder besser gesagt, es hat alle Farben, die es gibt. Wenn wir die Leere für einen Moment ausblenden und uns auf das konzentrieren, was im Universum tatsächlich *ist*, dann bietet sich uns ein buntes Kaleidoskop aus allen Farben, die wir uns ausmalen können – und unzähligen weiteren, die das menschliche Auge nicht sehen kann und die sich selbst unserer Vorstellungskraft entziehen.

Das Universum ist so viel mehr und so viel bunter als der schwarze Hintergrund mit seinen wenigen leuchtenden Punkten, den wir typischerweise sehen, wenn wir in der Nacht zum Himmel schauen. Dass wir dort nicht mehr erkennen können, liegt daran, dass unsere menschlichen Augen nicht besonders gut darin sind, Dinge und vor allem Farben zu identifizieren, wenn es dunkel ist. Auf kosmischer Skala sind unsere Augen keine guten optischen Instrumente. Um die Farbenpracht des Universums wahrnehmen zu können, brauchen wir daher die Augen der Wissenschaft. Erst sie zeigen uns gelbe Sterne, die eigentlich grün sind, rote Planeten, orange Zwerge, die uns bei der Suche nach außerirdischem Leben helfen können, und grün blitzende Asteroiden, die uns Erkenntnisse über unseren eigenen Ursprung liefern. Es gibt blaue Sterne, violett leuchtende Galaxien, und die Umgebung Schwarzer Löcher strahlt in Farben, die für unsere Augen unsichtbar sind. Das Weltall ist bunt, und die Farben dieses kosmischen Regenbogens sind der Schlüssel zum Verständnis des Universums.

Seit wir Menschen in der Lage sind, die Welt mit bewusstem Blick und Forschergeist zu beobachten, nehmen wir die Farben wahr, die sich uns dort bieten. Bis wir jedoch verstanden haben, was »Farbe« eigentlich bedeutet und wie sie zustande kommt, ist viel Zeit vergangen. Es ist kaum übertrieben, zu behaupten, dass die gesamte moderne Naturwissenschaft auf die eine oder andere Weise mit unserem Verständnis des Konzepts der Farbe zu tun hat. Das Licht in all seinen sichtbaren und unsichtbaren Tönungen ist ein zentrales Element sowohl der Relativitätstheorie als auch der Quantenmechanik, der beiden wissenschaftlichen Erkenntnisgebäude, mit denen wir die gesamte Welt erklären. Wenn wir das Universum also begreifen wollen, müssen wir Licht und Farbe verstehen – und nur weil wir gelernt haben, mithilfe von Wissenschaft und Technologie besser zu sehen, als unsere Augen es vermögen, haben wir überhaupt eine Chance dazu.

In diesem Buch werde ich einen Blick auf die Farben des Universums werfen. Jede Farbe wird uns einen anderen Ausschnitt der faszinierenden Phänomene zeigen, die im All existieren. Jede Farbe strahlt aber auch gleichzeitig auf uns selbst zurück, denn wir Menschen neigen bekanntlich dazu, das, was wir sehen, fast schon zwangsläufig mit dem zu verknüpfen, woran wir glauben, was wir uns wünschen und wovor wir uns fürchten. Farben sind nicht nur ein naturwissenschaftliches Phänomen, sondern auch eines, das tief in unserer Kultur verankert ist. In vielen Religionen steht der Regenbogen etwa für die Verbindung zwischen Himmel und Erde, zwischen Menschen und Göttern. Die Regenbogenbrücke Bifröst bildete in der germanischen Mythologie den Weg von der menschlichen Welt nach Asgard, dem Sitz der Götter. In indigenen australischen Legenden hat die Regenbogenschlange die Welt erschaffen. Im Alten Testament steht der Regenbogen für den Bund zwischen Gott und der Menschheit. Und in der Gegenwart ist die Regenbogenfahne zum Symbol für Frieden und Toleranz geworden. Die Wissenschaft kann heute erklären, wie ein Regenbogen entsteht und was es mit seinen Farben auf sich hat. Das nimmt ihm dennoch nichts von seiner Faszination – und wird vermutlich auch in Zukunft nichts daran ändern, dass die Menschen Farben auf die ein oder andere Weise mit Bedeutung versehen.

Doch auch im wissenschaftlichen Sinn bildet die Vielfalt der Farben eine Verbindung zwischen Himmel und Erde, zwischen uns und dem Universum. Das Licht und seine Farben sind die einzigen Informationsquellen, auf die wir zurückgreifen können, wenn wir wissen möchten, was in den Weiten des Kosmos vor sich geht. Wir selbst werden vermutlich nie in der Lage sein, zu fremden Sternen zu reisen, um die Phänomene vor Ort zu erforschen. Aber das Licht gelangt von dort bis zu uns! Die Strahlung durchdringt das gesamte Universum und gibt uns die Chance, auch das zu erforschen, was wir ansonsten nie zu Gesicht bekämen. Wir leben in einem bunten Universum, und jede einzelne Farbe darin erzählt ein anderes Kapitel der großen kosmischen Geschichte.

ROT

Über den roten Planeten, dessen Farbe uns etwas über seine Vergangenheit und unsere Zukunft erzählen kann. Über rote Sterne, die eigentlich Schwarze Körper sind. Und über eine große Geschichte in drei Akten, an deren Ende uns rotes Licht den ultimativen Anfang zeigt.

Es liegt nahe, unsere Tour durch das bunte Universum mit der Farbe Rot zu beginnen. Das ist immerhin eine der wenigen Farben, die wir tatsächlich mit eigenen Augen sehen können, wenn wir in der Nacht zum Himmel schauen. Zwischen all den weiß-gelblichen Lichtpunkten lassen sich vereinzelt auch ein paar entdecken, die klar erkennbar rot leuchten. Und Rot ist auch der Anfang des Regenbogens. Oder, um es ein wenig wissenschaftlicher auszudrücken: Der für unsere Augen sichtbare Ausschnitt aus dem elektromagnetischen Spektrum beginnt bei Licht, das uns rot erscheint – oder endet dort, je nachdem, aus welcher Richtung man die Angelegenheit betrachtet. Wir werden uns später noch damit beschäftigen, was es mit diesem Spektrum genau auf sich hat und was Farben mit Elektrizität und Magnetismus zu tun haben. Jetzt aber werfen wir zunächst einen Blick auf den dunklen Himmel und suchen ihn nach roten Lichtern ab.

Da ist zum Beispiel der Mars, der nicht zufällig als der »rote Planet« bezeichnet wird. Der Mars gehört zu den hellsten Objekten am Nachthimmel, und dank seiner rötlichen Farbe können wir ihn leicht identifizieren. Wir können aber noch viel mehr. Der Mars gehört zu den wenigen Himmelskörpern, auf denen bereits Raumsonden von der Erde gelandet sind. Und deswegen wissen wir heute auch, woher seine rote Farbe stammt. Es ist Rost. Der Mars ist nicht nur ein roter Planet, er ist auch ein rostiger Planet.

Aber wieso ist der Mars verrostet? Er ist ja kein altes Fahrrad, das seit Jahren herrenlos in der Ecke einer Garage steht. Wie kann ein Planet Rost ansetzen?

Rost ist das, was entsteht, wenn Eisen auf Sauerstoff und Wasser trifft. Eisen und Sauerstoff können durch das Wasser chemisch miteinander reagieren, und es entsteht das, was wir »Rost« nennen – und ein bestimmter Bestandteil dieses Rosts ist rot. Das Gestein des Mars enthält jede Menge Eisen. Dieser Teil der Gleichung ist also klar. Aber wie konnte dieses Eisen verrosten – woher kommt das Wasser dafür? Der Mars wird schon seit langer Zeit mithilfe von Raumsonden erforscht, und Marsrover haben seine Oberfläche gründlich abgesucht. Daher ist klar: Es gibt dort kein flüssiges Wasser. Es wäre auch viel zu kalt für Flüsse, Meere oder Seen; die Durchschnittstemperatur auf dem Mars beträgt circa minus 60 Grad Celsius. An den Polen gibt es zwar Eis, aber das meiste davon ist kein Wasser, sondern gefrorenes Kohlendioxid. Eigentlich sollte der Mars also nicht rot sein, sondern schwarz-weiß: weiße Pole, schwarzes Gestein.

Erst ist aber nun mal deutlich sichtbar rot, da dürfen wir unseren Augen schon trauen. Der Trick ist: Verrosten kann man auch ohne Wasser. Das hat ein Forschungsteam der Universität Aarhus in Dänemark im Jahr 2009 herausgefunden. In seinem Labor hat es oxidiertes Eisen, sogenannten Magnetit untersucht. Magnetit kommt auf der Erde sowie dem Mars vor und wird zum Beispiel durch vulkanische Aktivität gebildet. Und Vulkane gibt es auf dem Mars jede Menge, die größten des Sonnensystems sogar. Wer auf der Suche nach einer wirklich anspruchsvollen Wandertour ist, sollte sich den Olympus Mons ansehen. Von seinem Fuß bis zum Gipfel sind gut 26 000 Höhenmeter zu überwinden. Der Vulkan hat einen Durchmesser von ungefähr 600 Kilometern. Sollten wir tatsächlich je in der Lage sein, den Mars zu besiedeln, wäre das die ideale Region für ein Skigebiet, wie es sich selbst die unverschämtesten Tourismusverbände der Erde in ihren wildesten Träumen nicht vorstellen können. Seilbahnen über Dutzende von Kilometern! Unzählige Aprés-Ski-Lokale! Pisten, die so lang sind, dass man bei einer Abfahrt mehrfach im Hotel übernachten muss. Keine Probleme mit einheimischer Flora und Fauna oder globaler Erwärmung. Und Angst vor einem Vulkanausbruch muss man auch nicht haben, denn die Vulkane des Mars sind seit langer Zeit nicht mehr aktiv.

Aber zurück zum Rost: Magnetit ist auf dem Mars in ausreichender Menge vorhanden. Er ist allerdings grau und nicht rot. Das lässt sich aber ändern, wie man an der Uni Aarhus herausgefunden hat. Man muss Magnetit einfach mit Quarzsand mischen (auch davon gibt es auf dem Mars genug) und ordentlich durchschütteln. Dann wartet man ein paar Monate lang, bis sich Magnetit in Hämatit umgewandelt hat. Dabei handelt es sich um eine andere Art des Eisenoxids – und zwar eine, die rot ist. Die Kollisionen zwischen den Quarzkörnchen und dem Magnetit liefern die nötige Energie für diesen chemischen Prozess. Der Mars kann also, so das Fazit der Forschungsarbeit, auch ganz ohne Wasser verrosten, er muss nur ordentlich durchgeschüttelt werden. Das erledigen die vielen Staubstürme, die regelmäßig über unseren Nachbarplaneten hinwegfegen und ihn regelrecht einhüllen und bei denen Quarz, Magnetit und alles, was sonst noch an Gesteinskörnchen an der Oberfläche herumliegt, ordentlich durcheinandergewirbelt werden.

Auf diese Weise könnte der Mars im Laufe von Jahrmillionen langsam durch Wind und nicht durch Wasser verrostet sein.

Das klingt nach einer guten Theorie, aber in der Wissenschaft ist eine gute Theorie nur so lange gut, bis jemand eine bessere Idee hat. Und vor allem bessere Daten. Die gab es im Jahr 2025. Mit den Raumsonden, die den Mars umkreisen, und den Messinstrumenten der Marsrover, die auf seiner Oberfläche herumfahren, wurden Daten über die Zusammensetzung des Marsstaubs gesammelt. Das Resultat: Dort findet sich eher wenig Hämatit, dafür aber sehr viel mehr Ferrihydrit, als man bislang dachte. Ferrihydrit ist zwar auch ein Bestandteil von Rost, und auch dieses Mineral ist rot. Im Gegensatz zum Hämatit braucht es zu seiner Bildung aber nicht nur vulkanische Aktivität, sondern auch Wasser, und es entsteht nicht langsam, sondern schnell. Der Mars hat also nicht viele Millionen Jahre lang langsam vor sich hin gerostet, sondern in einer relativ kurzen Zeitspanne seine rote Patina ausgebildet, und das schon vergleichsweise kurz nach seiner Entstehung. Der Mars ist, so wie die Erde, vor 4,5 Milliarden Jahren entstanden, und vor circa 3 Milliarden Jahren muss er zu rosten begonnen haben. Die geologischen Daten zeigen, dass auf dem Mars früher einmal durchaus lebensfreundliche Bedingungen geherrscht haben müssen. Wir sehen heute immer noch die Spuren von Flüssen und Seen, die das flüssige Wasser damals hinterlassen hat. Aber dieses Zeitalter hat, wie wir im Verlauf des Kapitels noch sehen werden, nicht lange gedauert. Das flüssige Wasser an seiner Oberfläche wurde immer seltener – dafür aber hat sich ein intensiver Vulkanismus entwickelt, der dafür gesorgt hat, dass sich jede Menge Ferrihydrit bilden konnte. Vor 3 Milliarden Jahren waren die Bedingungen gerade richtig, um das planetare Verrosten zu starten.

Wie auch immer der Mars tatsächlich verrostet ist, mit oder ohne Wasser: Wir wissen mit Sicherheit, dass es zumindest heute kein flüssiges Wasser mehr an seiner Oberfläche gibt. Selbst wenn der Mars früher lebensfreundlich war: Heute ist er das definitiv nicht mehr. Der rote Planet ist eine eisige, lebensfeindliche Wüste. Aber lässt sich das nicht vielleicht ändern? Könnten wir den Mars nicht entrosten – sodass aus dem roten Planeten ein grüner oder blauer wird? Könnten wir wieder Wasser dort fließen lassen, bei angenehmen Temperaturen, und den Rost einfach loswerden? Theoretisch ja, aber mit Abschleifen und Einfetten ist es da nicht getan.

Einen ganzen Planeten so zu verändern, dass er von einer unwirtlichen Hölle zu einer paradiesischen Umgebung wird, ist eine Aufgabe, die man optimistisch als »komplex« bezeichnen kann. Realistischer wären Ausdrücke wie »hoffnungslos« oder »unmöglich«. Und das, obwohl wir ja auf der Erde gerade durchaus mit Erfolg dabei sind, den Planeten in großem Maßstab umzugestalten. Wir zerstören ganze Ökosysteme, rotten Tier- und Pflanzenarten aus und schaffen es sogar, die Erdatmosphäre so zu verändern, dass es hier in Zukunft deutlich weniger lebensfreundlich sein wird als jetzt. Wenn wir das auf der Erde in die eine Richtung schaffen, wieso dann nicht auch auf umgekehrtem Weg auf dem Mars?

Die Antwort ist ernüchternd: Selbst wenn die drohenden Konsequenzen der Klimakatastrophe in Zukunft Realität werden sollten, wäre die Erde immer noch dramatisch lebensfreundlicher als der Mars. Dort ist es ja nicht einfach nur sehr kalt. Es gibt auch quasi keine Atmosphäre, und das bisschen, das vorhanden ist, besteht fast komplett aus Kohlendioxid und ist giftig für uns. Wenn wir den Mars für Menschen bewohnbar machen wollen, müssen wir nicht nur die Temperatur erhöhen.

Wir müssen ihn außerdem mit einer ausreichend dichten Atmosphäre ausstatten, die für uns atembare Gase enthält, und darüber hinaus auch sicherstellen, dass er diese Lufthülle nicht gleich wieder verliert.

Wenn es nur darum ginge, den Mars aufzuwärmen, dann wäre das ein vergleichsweise einfaches Unterfangen. Es würde zum Beispiel reichen, einen ausreichend großen Asteroiden einzufangen und seine Bahn so zu verändern, dass er auf dem Mars einschlägt.* Kinderspiel, quasi. Der Großteil der Bewegungsenergie des Asteroiden würde beim Aufprall in Wärmeenergie umgewandelt und den Planeten aufheizen. Gut, vielleicht bräuchten wir auch zwei, drei oder noch mehr Asteroideneinschläge, aber früher oder später wäre der Mars warm genug. Aber natürlich immer noch nicht lebensfreundlich. Sieht man von den gewaltigen und eher unpraktischen Einschlagskratern ab, die wir beim Heizen zwangsläufig erzeugt haben, ist die Atmosphäre noch immer nicht dicht genug und auch nicht atembar. Dieses Problem könnten wir allerdings lösen, wenn wir bei der Auswahl der Asteroiden ausreichend sorgfältig vorgehen. Wir dürfen nicht die erstbesten Felsbrocken nehmen, die da draußen im Sonnensystem rumfliegen – sondern müssen uns die aussuchen, die große Mengen an gefrorenem Wasser mit sich führen. Das würde dann beim Einschlag in Form von Wasserdampf in die Atmosphäre gelangen und sie dichter machen. Gleichzeitig würde der Wasserdampf als Treibhausgas wirken und so für eine zusätzliche Erwärmung des Planeten sorgen.

* Wie man so etwas auch mit heute vorhandenen technischen Mitteln zumindest theoretisch anstellen kann, habe ich ausführlich in meinem Buch »Asteroid Now. Warum die Zukunft der Menschheit in den Sternen liegt« (Hanser 2015) erklärt.

Aber auch damit ist es noch nicht getan. Derzeit besteht die dünne Atmosphäre des Mars vor allem aus Kohlendioxid. Dort einfach nur Wasserdampf reinzupumpen hilft uns nicht weiter. Vor allem ist es nicht nachhaltig. Wir müssten vielmehr damit anfangen, Pflanzen und Mikroorganismen anzusiedeln, die in der Lage sind, auf dem Mars zu überleben und das Kohlendioxid in Sauerstoff umzuwandeln. Würde uns das gelingen, dann wäre die Atmosphäre irgendwann sauerstoffgesättigt genug, um Tieren und Menschen ein Überleben zu ermöglichen. »Irgendwann« heißt in diesem Fall schätzungsweise nach ein paar Zehntausend bis Hunderttausend Jahren, gerechnet von dem Moment an, zu dem wir mit den Asteroideneinschlägen durch sind. Und auch das wird leider ein bisschen dauern, denn Asteroiden mit viel Eis sind nur in den äußeren Bereichen des Sonnensystems zu bekommen, weit hinter der Bahn des Neptun, des sonnenfernsten Planeten. Bis wir die von dort zum Mars transportiert haben, braucht es im besten Fall auch ein paar Hundert Jahre und vor allem sehr viel Energie; mehr Energie, als wir Menschen derzeit global in ein paar Jahren erzeugen.

Selbst wenn all das gelingt, wird sich die neu konstruierte Atmosphäre allerdings im Laufe der Zeit wieder ins All verflüchtigen. Tatsächlich hat der Mars einen solchen Prozess schon hinter sich. Alle Forschungsdaten deuten darauf hin, dass unser Nachbarplanet kurz nach seiner Entstehung durchaus über eine dichte Atmosphäre verfügte und Temperaturen aufwies, die flüssiges Wasser an seiner Oberfläche erlaubten. Ansonsten hätte er ja dann später auch nicht rosten können, wie wir inzwischen wissen. Der junge Mars und die junge Erde könnten sich ziemlich ähnlich gewesen sein. Der Mars ist allerdings deutlich kleiner als die Erde. Er hat nur 10 Prozent der Erdmasse und ist deswegen sehr viel schneller abgekühlt. Das flüssige Gestein und Eisen in seinem Inneren sind erstarrt. Das Erdinnere ist dagegen immer noch heiß, unter unseren Füßen fließen Metall und Magma und erzeugen dadurch das Erdmagnetfeld. Das Magnetfeld des Mars hingegen ist schon lange verschwunden. Damit war seine Atmosphäre der kosmischen Strahlung schutzlos ausgeliefert. Die Sonne schleudert ständig Teilchen aus ihren äußeren Gasschichten hinaus ins All. Am Erdmagnetfeld prallen diese Partikel quasi ab, beim Mars haben sie dagegen – vereinfacht gesagt – wie ein Sandstrahler gewirkt, der die Atmosphäre abgetragen hat. Ohne eine schützende Lufthülle, die Wärme speichern kann, ist die Temperatur gesunken, und ohne ausreichend großen Luftdruck kann auch Wasser nicht flüssig sein. Das Resultat ist die rostige Eiswüste, die wir heute dort sehen. Ohne weiterführende Maßnahmen würde die neue Marsatmosphäre, die wir mit Asteroiden und Mikroorganismen zusammengebastelt haben, das gleiche Schicksal ereilen. Natürlich könnten wir den Mars in regelmäßigen Abständen weiter mit Asteroiden beschießen – was ihn aber vermutlich für eine breite Besiedelung eher unattraktiv machen dürfte. Und wie man ein künstliches Magnetfeld für einen ganzen Planeten erzeugt: Dazu hat die Wissenschaft absolut keine Idee.

Rein theoretisch könnten wir den roten Mars also zu einer blau-grünen Welt umgestalten. Aber es wäre absurd aufwendig, würde mindestens Jahrhunderttausende dauern, und am Ende würde er sich trotzdem wieder zu einer lebensfeindlichen Umgebung wandeln, wenn wir nicht permanent hinterher sind. Und außerdem: Warum sollten wir den roten Mars überhaupt zerstören? Auch als lebensfeindliche Wüste ist der Mars dennoch eine eigene Welt, und eine einzigartige noch dazu. Lassen wir den Mars so, wie er ist, rot leuchtend an unserem Nachthimmel.

Von Rost auf dem Mars, von Magnetit, Hämatit und Ferrihydrit und all den anderen geochemischen Prozessen, die den Mars rot am Himmel leuchten lassen, wissen wir erst, seit wir Raumsonden und Rover ins All geschickt haben. Davor war der Mars einfach rot, und die Menschen mussten sich seine Farbe anders erklären. Die längste Zeit der Menschheitsgeschichte war ohnehin nicht klar, was es mit den geheimnisvollen Lichtpunkten am Nachthimmel auf sich hat. Es gab keine Möglichkeit, zu wissen, bei welchen der hellen Flecke am Firmament es sich um Sterne wie unsere Sonne handelt und bei welchen um Planeten, die wie die Erde um einen Stern kreisen. Die Menschen sahen die Erde unter ihren Füßen und eine für sie unerreichbare und unverständliche Welt voller Lichtreflexe über ihren Köpfen. In deren Muster haben sie all das hineingelesen und -interpretiert, was sich in der Alltagswelt ihrer Kontrolle entzog. Mythen und Monster, Helden und Götter hat man im Himmel angesiedelt, und die Astrologie sollte weltliche Ereignisse und Zusammenhänge anhand der Bewegung von Himmelskörpern verständlich und vorhersagbar machen. In der Hinsicht liegt es nahe, einen so deutlich sichtbaren blutroten Himmelspunkt wie den Mars mit Krieg, Stärke und den zugehörigen Gottheiten zu identifizieren. In vielen Kulturen ist Mars zum Symbol des Kriegsgottes geworden – und wir nennen ihn ja auch heute noch nach dem römischen Gott des Krieges.

Heute wissen wir aber auch, dass Planeten nichts mit Göttern und ihre Farben nichts mit astrologischen Vorahnungen zu tun haben. Wir wissen ebenso, dass es noch mehr Möglichkeiten gibt, rote Himmelskörper zu produzieren, als mit Rost. Außer dem Mars lassen sich am Himmel noch weitere rötlich leuchtende Punkte erkennen. Und das sind keine Planeten, sondern Sterne, und sie sind rot, weil sie Schwarze Körper sind.

Das klingt seltsam, ist aber nur ein weiteres Beispiel für die Tendenz in der Wissenschaft, Dinge und Phänomene auf verwirrende Weise zu benennen. Ein Schwarzer Körper oder auch Schwarzer Strahler ist ein Objekt, das sämtliche Strahlung, die auf es trifft, absorbiert. Ein Schwarzer Körper reflektiert nichts, er lässt nichts durch und lenkt die Strahlung auch nicht ab. Er nimmt alle Strahlung auf und gibt selbst etwas ab, das in der Physik »Wärmestrahlung« genannt wird. Ein Schwarzer Körper nimmt also alle Strahlung auf und gibt selbst Strahlung ab, die nur von der Temperatur des Schwarzen Körpers abhängt, aber nicht davon, woraus der Schwarze Körper besteht.

In der Realität kann es ein solches Objekt nicht geben – es existieren keine Objekte, die sämtliche auftreffende Strahlung absorbieren. In der Physik hat sich das Konzept aber als äußerst hilfreich bei der Erforschung der elektromagnetischen Strahlung erwiesen. Die Idee dazu ist im späten 19. Jahrhundert aufgekommen, und das Ziel war es, eine Formel zu finden, die genau beschreibt, wie die Wärmestrahlung eines Schwarzen Körpers aussieht, je nachdem, welche Temperatur er hat. Das Thema war in der damaligen Physik enorm wichtig. Einerseits, weil es der Job der Wissenschaft ist, Antworten auf offene Fragen zu finden – und die Formel für die Strahlung der Schwarzen Körper war eine davon. Andererseits aber vor allem auch deswegen, weil die Schwarzkörperstrahlung nur ein Aspekt eines viel größeren Fragenkomplexes war. Es ging um die Natur des Lichtes selbst: Was ist Licht eigentlich, und wie kann man dieses Phänomen wissenschaftlich umfassend und korrekt beschreiben? Ein Schwarzer Körper ist ein simples Modell, dessen Strahlung nur von einem Parameter – der Temperatur – abhängt. Wenn man nicht einmal eine solche idealisierte Strahlungsquelle vernünftig beschreiben kann, hat man auch keine Chance, das viel komplexere Phänomen des Lichts in seiner Allgemeinheit zu verstehen.

Deswegen hat man die Schwarzen Körper nicht nur theoretisch untersucht, sondern auch versucht, Schwarze Körper herzustellen. Oder zumindest Objekte, die sich fast genau so verhalten. Man kann sich diese experimentellen Gegenstände wie eine Art Hohlraum mit einem kleinen Loch vorstellen. Durch das Loch dringt Strahlung ein und wird im Inneren hin und her reflektiert. Die Innenwände nehmen also ständig Strahlung auf und geben sie wieder ab. Durch diesen Wechsel werden sie auch nicht kälter oder wärmer, und es stellt sich ein Temperaturgleichgewicht ein. Dieses Gleichgewicht bestimmt, welche Art von Strahlung aus dem Loch wieder austritt – und das ist die Wärmestrahlung (die ein bisschen weniger verwirrend auch als »thermische Strahlung« oder »Schwarzkörper-Strahlung« bezeichnet werden kann).

In einem Buch über die Farben des Universums kann man aber nicht ständig nur das Wort »Strahlung« verwenden. Wenn wir verstehen wollen, was den Kosmos bunt macht, müssen wir uns das alles ein wenig genauer ansehen. Und deswegen werfen wir jetzt einen Blick auf das elektromagnetische Spektrum. So bezeichnet man die Gesamtheit aller elektromagnetischen Wellen. Und eine elektromagnetische Welle besteht aus gekoppelten elektrischen und magnetischen Feldern, die sich wellenförmig im Raum ausbreiten.

Das klingt nicht unbedingt anschaulich, aber zum Glück müssen wir uns das vorerst auch gar nicht en detail ausmalen. Es reicht, wenn man sich eine Welle vorstellt. Jede Welle hat eine bestimmte Wellenlänge, also einen festen Abstand zwischen zwei Wellenbergen oder Wellentälern. Je nachdem, ob diese Wellenlänge kurz oder lang ist, steckt mehr oder weniger

Energie in der Welle – und bei elektromagnetischen Wellen ist es genau diese Energie, die dafür sorgt, ob und in welcher Farbe wir sie wahrnehmen.

Trifft eine elektromagnetische Welle auf unser Auge, die eine Wellenlänge von circa 640 bis 780 Nanometern hat, dann sehen wir die Farbe Rot. Ein Nanometer entspricht einem milliardstel Meter. Wenn rotes Licht mit einer Wellenlänge von 700 Nanometern also eine Strecke von einem Meter zurückgelegt hat, ist die Welle auf dieser Strecke fast 1,5 Millionen Mal auf- und abgeschwungen. Das klingt nach viel, und das ist es auch. Aber es geht noch mehr: Licht mit einer Wellenlänge von 400 Nanometern, das wir als Violett wahrnehmen, schafft auf derselben Strecke von einem Meter ganze 2,5 Millionen Schwingungen. Und zwischen Violett und Rot finden wir den ganzen Rest des Regenbogens. Ob wir Licht als rot, orange, gelb, grün, blau oder violett wahrnehmen, hängt nur von der Wellenlänge ab. Solange sie zwischen circa 380 und 780 Nanometern liegt, kann unser Auge sie erkennen. Es gibt aber natürlich keinen Grund, warum elektromagnetische Wellen nicht auch Wellenlängen haben können, die kleiner als 380 oder größer als 780 Nanometer sind. Selbstverständlich gibt es auch diese Wellen, wir nehmen sie nur nicht mehr als sichtbares Licht wahr.

Sinkt die Wellenlänge unter die für unser Auge sichtbare Schwelle, dann haben wir es mit Ultraviolettstrahlung zu tun. Wir sehen sie nicht, aber wenn wir ihr zu lange ausgesetzt sind, dann merken wir das trotzdem, weil wir einen Sonnenbrand bekommen. Im kurzwelligen UV-Licht steckt so viel Energie, dass es unsere Haut schädigen kann. Noch schädlicher ist Licht, dessen Wellenlänge kleiner als 10 Nanometer ist. Zum Glück treffen wir diese Art von Strahlung in der Natur nicht so häufig an, sondern begegnen ihr meist nur in Krankenhäusern und Arztpraxen. Dieses sehr kurzwellige und damit auch sehr energiereiche Licht nennen wir »Röntgenstrahlung«. Noch heftiger ist nur die »Gammastrahlung«, die beim Zerfall radioaktiver Elemente oder bei Supernova-Explosionen freigesetzt wird.

Am anderen Ende der Skala wird es ein bisschen weniger gefährlich. Hinter dem für unsere Augen roten Licht wartet das Infrarotlicht, das wir als Wärme spüren können – und zum Beispiel in Form von Infrarotlampen nutzen, die jede Menge Wärme abgeben und bei Erkältungen helfen sollen. Noch größere Wellenlängen haben Mikrowellen, die wir unter anderem zum Erwärmen unserer Speisen benutzen. Aber auch unsere WLAN- oder Bluetooth-Verbindungen laufen über Mikrowellen. Hier liegt die Wellenlänge schon im Bereich von einigen Zentimetern bis Metern, und die Energie in den Wellen ist – im Gegensatz zu UV- oder Röntgenstrahlung – zu gering, um unseren Körpern zu schaden. Wenn die Wellenlänge einige Meter bis Kilometer beträgt, dann nennen wir das »Radiowellen«. Wer noch mit alten, analogen Geräten Radio gehört hat, erinnert sich vielleicht an Aufschriften wie »Langwelle«, »Kurzwelle« oder »Ultrakurzwelle (UKW)«: Mit diesen Bezeichnungen werden die Radiowellen je nach Wellenlänge weiter unterteilt.

All das, von Radiowellen über Mikrowellen und das für unsere Augen sichtbare Licht bis hin zu Röntgen- und Gammastrahlung, bildet zusammen das elektromagnetische Spektrum. Und all das kann man aus physikalischer Sicht auch als »Licht« bezeichnen. Es mag seltsam erscheinen, von »Radiolicht« zu sprechen oder von »Röntgenlicht«, aber genau darum handelt es sich. Diese elektromagnetischen Wellen sind genau das Gleiche wie das Licht, das wir sehen können – nur dass unsere Augen in diesem Fall eben nicht dazu in der Lage sind, die Wellen optisch abzubilden. Wären sie es, dann würden wir den Radioapparat, die WLAN-Box, die Mikrowelle oder das Röntgengerät im Krankenhaus strahlend hell leuchten sehen. Sie würden in Farben leuchten, für die wir keine Namen haben und die wir uns nicht vorstellen können. Aber es gibt sie, und es gibt auch durchaus Lebewesen, die sie sehen können. Viele Insekten sind zum Beispiel in der Lage, ultraviolette Strahlung wahrzunehmen, weshalb wiederum viele Pflanzen entsprechende Farben entwickelt haben. Für Bienen, die auf der Suche nach Blütenpollen sind, sieht die Welt zum Beispiel völlig anders aus als für uns. Die Pflanzen haben Blüten mit Mustern entwickelt, die man nur mit UV-Augen sehen kann. Auch manche Vögel, manche Reptilien und sogar einige Säugetiere wie Mäuse oder Ratten sind in der Lage, UV-Licht wahrzunehmen.

Wir Menschen wissen von den für uns unsichtbaren Arten des Lichts erst seit dem 17. Jahrhundert, als zuerst Ultraviolett- und Infrarotstrahlung und dann nach und nach der Rest des elektromagnetischen Spektrums entdeckt worden sind. Und dass es sich um ein einziges elektromagnetisches Spektrum, also um Licht und nicht etwa um viele unterschiedliche Strahlungsphänomene handelt, ist erst seit dem Ende des 19. Jahrhunderts bekannt.

Womit wir wieder bei den Schwarzen Körpern angelangt sind. Sie geben, je nach der Gleichgewichtstemperatur, die sich in ihnen eingestellt hat, elektromagnetische Strahlung in allen sichtbaren und unsichtbaren Farben ab. Was sie abstrahlen, liegt jedoch nicht in einer gleichmäßigen Mischung vor; in manchen Bereichen des Spektrums geben sie sehr viel Strahlung ab, in anderen dafür weniger. Und genau das war das Problem, vor dem die Wissenschaft zu Beginn des 20. Jahrhunderts stand: Man wollte genau berechnen können, wie viel Strahlung einer bestimmten Wellenlänge von einem Schwarzen Körper abgegeben wird, und zwar je nachdem, wie heiß er ist. Man hat einerseits versucht, es anhand dessen, was man damals über das Verhalten von elektromagnetischen Wellen wusste, auszurechnen. Und andererseits auch konkrete Messungen angestellt, mit den selbst gebauten »Fast-Schwarzen-Körpern«.

Das hat auch ganz gut funktioniert, und Theorie und Experiment haben übereinstimmende Ergebnisse geliefert. Allerdings nur, wenn die Wellenlänge der Strahlung lang war. Bei kürzeren Wellenlängen wurde die Angelegenheit höchst seltsam. Vereinfacht gesagt: Laut Theorie hätte im kurzwelligen Bereich der Strahlung unendlich viel Energie stecken müssen, was die Messungen in der Praxis selbstverständlich nicht bestätigt haben. Das Problem war damals unter dem Namen »Ultraviolett-Katastrophe« bekannt, und gelöst hat es erst der deutsche Physiker Max Planck im Jahr 1900.

Eine vollständige Beschreibung dessen, was Planck getan und welche Konsequenzen das gehabt hat, würde den Rahmen dieses Buches sprengen. Denn aus seinem Versuch, die thermische Strahlung eines Schwarzen Körpers korrekt zu beschreiben, ist nicht weniger als die gesamte Quantenphysik entstanden.* Die Kurzversion lautet so: Planck konnte einen Weg finden, die Strahlung korrekt zu beschreiben, aber nur unter der Annahme, dass Energie nicht in beliebig kleinen Mengen abgestrahlt wird. Es gibt eine kleinstmögliche Menge, ein »Quant«, und die Energie, die ein Schwarzer Körper abgeben kann, muss immer ein ganzzahliges Vielfaches dieses grundlegenden Energiequantums sein. Planck wusste nicht, warum das so sein soll-

* Außerdem existiert zu diesem Thema schon das hervorragende Buch »Quantenlicht. Das Jahrzehnt der Physik 1919–1929« (Hanser 2024) von Thomas de Padova.

te, und hat seine Rechnungen selbst als »Akt der Verzweiflung« bezeichnet. Doch seine Berechnungen wurden in den folgenden Jahrzehnten von vielen anderen Forscherinnen und Forschern, darunter Albert Einstein, bestätigt, sodass Plancks »Verzweiflungstat« auf ein solides physikalisches Fundament gestellt werden konnte.

Allein für diese Errungenschaften hat es sich gelohnt, sich mit einem auf den ersten Blick derart obskuren Konzept wie dem Schwarzen Körper zu beschäftigen. Die Quantenmechanik bildet heute die Grundlage fast der gesamten modernen Naturwissenschaft und eines großen Teils unserer modernen Technik. Von diesen weitreichenden Konsequenzen wusste man damals noch nichts. Das Interesse an der Funktionsweise Schwarzer Körper hatte einen anderen Hintergrund. Denn auch wenn bekannt war, dass es in der Natur keine echten Schwarzen Körper geben kann, waren sich Forscherinnen und Forscher bewusst, dass es im Universum jede Menge Objekte gibt, die man anhand des Konzepts sehr gut beschreiben kann. Zu diesen Objekten gehören die Sterne, die sich tatsächlich fast wie echte Schwarze Strahler verhalten. Die Menge an Strahlung, die sie abgeben, hängt in erster und sehr guter Näherung nur von ihrer Temperatur ab.

Die Folgerungen, die sich daraus ergeben, dürfen nicht unterschätzt werden. Wenn wir das Licht eines Sterns beobachten, können wir spezielle Messinstrumente (sogenannte »Spektroskope«) verwenden, um zu bestimmen, wie viel Licht mit bestimmter Wellenlänge abgestrahlt wird. Oder anders gesagt: Wir können messen, wie groß die Menge an rotem Licht ist, an blauem Licht und so weiter. Und wir können messen, wie viel für uns unsichtbares infrarotes oder ultraviolettes Licht uns erreicht. Insbesondere lässt sich dabei auch feststellen, bei welcher Wellenlänge das meiste Licht abgestrahlt wird. Dieses Strahlungsmaximum hängt direkt von der Temperatur ab – und dank der Quantenformel von Max Planck sind wir in der Lage, auf diese Weise die Temperatur des jeweiligen Sterns zu ermitteln. Das kann man ruhig noch einmal wiederholen: Wir können die Temperatur von Himmelskörpern messen, die so weit von uns entfernt sind, dass wir uns diese Distanzen nicht einmal vorstellen können, und wir messen die Temperatur einfach nur dadurch, dass wir den Stern ansehen und sein Licht und damit seine Farbe analysieren.

Wenn wir also irgendwo einen roten Stern sehen, wissen wir, dass er kühler sein muss als ein Stern, der gelb oder blau leuchtet. Denn nur mit einer vergleichsweise niedrigen Temperatur kann das Maximum der Abstrahlung im roten Bereich liegen. Ist die Temperatur eines Sterns höher, gibt der Stern weniger rotes, dafür aber mehr gelbes oder blaues Licht ab.

Durch die Erforschung der Schwarzen Körper sind wir heute also in der Lage, die Farben der Sterne zu verstehen. Wenn wir zum Beispiel Ende Mai nach Sonnenuntergang zum Himmel schauen, können wir dort einen hellen, rot leuchtenden Stern erkennen. Man könnte ihn mit dem Mars verwechseln, und deswegen heißt er auch Antares, der »Rivale des Ares«, nach »Ares«, dem griechischen Namen des Mars. Auf Arabisch wurde der Stern Qalbu l-ʿAqrab genannt, was so viel wie »Herz des Skorpions« bedeutet. Und genau in diesem Sternbild befindet sich Antares auch. Schon in der Astronomie von Mesopotamien vor mehr als 3000 Jahren hat man den hellen, roten Stern mit einem Skorpion in Verbindung gebracht. Aber Planck sei Dank können wir heute deutlich mehr und sehr viel verlässlichere Angaben machen. Allein aus der roten Farbe von Antares können wir schon schließen, dass es sich um einen kühlen Stern handeln muss. Seine Temperatur muss ungefähr 3200 Grad Celsius betragen. Genauer gesagt: Die Temperatur seiner Oberfläche muss in diesem Bereich liegen, denn nur die sehen wir ja leuchten. Über die Vorgänge und Bedingungen im Inneren eines Sterns können wir vorerst nichts wissen. Natürlich hat die Astronomie auch Wege gefunden, an diese Informationen zu gelangen, und auch sie haben zum Teil mit den Farben des Sterns zu tun – aber dazu später mehr. Wir wissen zudem, wie weit Antares entfernt ist, nämlich knapp 600 Lichtjahre. Auch dieses Wissen haben wir unter anderem aus der Analyse seiner Farben gewonnen, und auch darüber wird später im Buch noch mehr zu lesen sein. Für den Moment ist vor allem wichtig: Entfernung und Helligkeit eines Sterns liefern uns in Kombination eine weitere wichtige Information: seine Leuchtkraft.

Wenn wir Sterne am Nachthimmel beobachten, können wir ja vorerst nur sehen, wie hell sie erscheinen. Das klingt nicht weiter bemerkenswert, denn was sonst sollten wir sehen als das, was wir sehen? Aber wie hell ein Stern uns erscheint, hängt eben zum einen mit der Menge an Strahlung zusammen, die er abgibt – und zum anderen mit seiner Entfernung. Ein Stern mit geringer Leuchtkraft kann uns hell erscheinen, wenn er der Erde nahe ist. Und ein weit entfernter Stern kann immer noch strahlend am Nachthimmel zu sehen sein, wenn seine Leuchtkraft nur groß genug ist. Wenn wir aber wissen, wie hell ein Stern scheint und wie weit er entfernt ist, lässt sich daraus direkt seine wahre Leuchtkraft ermitteln. Antares ist weit entfernt und sehr hell, was nur der Fall sein kann, wenn er sehr viel mehr Strahlung abgibt als die Sonne. 65 000-mal so viel, um genau zu sein. Das kann ein Stern nur leisten, wenn er auch ausreichend groß ist. Und Antares ist groß: 700-mal größer als unsere Sonne und 12-mal massereicher.

Solche Riesensterne nennen wir – wenig kreativ – »Überriesen«, und Antares ist ein Roter Überriese. Das kühle Äußere dieser Giganten täuscht über das hinweg, was in ihrem Inneren passiert. Dort kann die Temperatur einige Hundert Millionen Grad betragen, und nur weil es dort so enorm heiß ist, kann ein Stern wie Antares auf seine ungeheure Größe anwachsen.

Aber woher wissen wir überhaupt, was im Inneren eines Sterns vor sich geht? Die Farbe eines Überriesen wie Antares sagt uns ja nur etwas über die Temperatur seiner äußeren Gasschichten. Der Stern ist 600 Lichtjahre weit weg, aber selbst wenn er uns näher wäre, hätten wir keine Chance, direkt in sein Inneres zu sehen. Das schaffen wir nicht einmal bei der »nur« 150 Millionen Kilometer weit entfernten Sonne. Aber der Astronomie reicht auch ein Blick von außen. Wenn wir wissen wollen, was im Inneren eines Sterns vorgeht, müssen wir zuerst einmal herausfinden, wie schwer er ist. In anderen Wissenschaften wäre es kein Problem, das Gewicht eines Objekts zu bestimmen. Man wiegt es ab – fertig. Zugegeben, so einfach ist es auch in anderen Feldern nicht immer, zum Beispiel wenn man die Masse einzelner Elementarteilchen bestimmen will. Aber in der Astronomie steht man vor einem besonderen Problem. Die einzige direkte Information, die wir haben, ist die Helligkeit. Wenn wir darüber hinaus noch seine Entfernung bestimmen können, lässt sich berechnen, wie viel Strahlung ein Stern tatsächlich abgibt. Aber das war es vorerst – mehr Eigenschaften sind nicht direkt beobachtbar, und das gilt auch für die Masse.

Wir wissen jedoch, dass die Masse mit der Leuchtkraft zusammenhängen muss. Je mehr Masse ein Stern hat, desto stärker drückt diese Masse mit ihrem eigenen Gewicht auf ihr Zentrum und desto höher wird dort die Temperatur. Diese Temperatur bestimmt, welche Kernreaktionen im Inneren eines Sterns ablaufen können. Im Inneren der Sonne hat es zum Beispiel um die 13 Millionen Grad. Das reicht, damit Wasserstoffatome zu Heliumatomen verschmelzen können; ist aber zu kühl, als dass auch diese Heliumatome miteinander fusionieren könnten. Die Art der Kernreaktion wiederum bestimmt, wie viel Strahlung aus dem Inneren des Sterns nach außen dringt. Je stärker sie ist, desto größer ist die Leuchtkraft. Zudem bestimmt die Menge der Strahlung aber auch, wie groß der Stern wird. Die vom Kern nach außen dringende Strahlung drückt quasi gegen die Gasschichten des Sterns. Je stärker dieser Strahlungsdruck ist, desto weiter kann sich ein Stern aufblähen. Die äußersten Gasschichten kühlen dadurch ab und, wie wir dank Max Planck und seinen Schwarzen Körpern wissen: Der Stern leuchtet rötlicher. Im Fall eines Sterns wie Antares wissen wir also aus der direkten Beobachtung, dass er sehr leuchtkräftig ist und seine rote Farbe deswegen ein Hinweis auf seine enorme Größe sein muss. Und so groß kann ein Stern nur werden, wenn er auch eine entsprechend große Masse hat, die für eine ausreichend hohe Kerntemperatur sorgt, durch die die passenden Kernreaktionen ablaufen können, die einen starken Strahlungsdruck verursachen. In Wahrheit ist alles natürlich sehr viel komplizierter, aber im Prinzip ist es möglich, aus der Leuchtkraft eines Sterns zumindest eine gute Schätzung für seine Masse abzugeben.

Der rot leuchtende Antares hat die Menschen schon fasziniert, lange bevor sie gewusst haben, was Sterne eigentlich sind, wie wir etwa aus Mesopotamien wissen. Dass wir uns immer neue Geräte und Technologien, Methoden und Theorien ausdenken, um Sterne besser beschreiben und ihre Funktionsweise besser verstehen zu können, zeigt aber auch, dass die Faszination, die sie ausstrahlen, seither offenbar ungebrochen ist. Die Geschichten, die wir ihnen abringen, sind zwar nicht mehr der

Stoff von Mythen und Legenden, sondern drehen sich um Licht, Spektren und Quantenmechanik. Aber der Initiationspunkt für unsere Neugier und unseren Verständnisdrang sind die Farben. Interessanterweise zeigen diese sichtbaren Farben uns unsichtbare Phänomene. Das rötliche Leuchten des Antares ist, genau wie die anderen Farben, ein Hinweis auf das, was in fernen Himmelskörpern vor sich geht. Wir werden das Innere der Sterne niemals direkt beobachten können. Aber das, was tief im Kern eines Sterns geschieht, ist dafür verantwortlich, in welcher Farbe er an unserem Himmel erscheint. Immer schon haben wir die Farben des Sternenlichts bewundert. Heute haben wir zudem gelernt, mit seiner Hilfe die Wunder der Sterne zu verstehen.

Das Rot des Mars erzählt die Geschichte unseres Nachbarplaneten; das Rot von Antares gibt Auskunft über die Geheimnisse im Inneren von Sternen. Auf eine gewisse Weise steckt im Rot sogar die Geschichte des gesamten Universums. Es ist eine große Geschichte, mit vielen Akten, Schauplätzen und handelnden Personen. Es ist eine Geschichte über die Farben im Sternenlicht, über die Dunkelheit, die sich in diesen Farben verbirgt, und über die Veränderungen dieser Farben. Es ist zudem eine Geschichte, die sich über mehrere Jahrhunderte erstreckt und uns am Ende bis ganz zurück zum Anfang führt.

Sie beginnt dort, wo man es vielleicht nicht vermuten würde, nämlich in Niederbayern, und zwar am 6. März 1787. An diesem Tag wurde in Straubing Joseph Fraunhofer geboren. Seine Arbeit wird die Astronomie grundlegend verändern, und so gut wie alles, was wir heute über das Universum wissen, basiert auf die eine oder andere Art auf seinen Entdeckungen. Dabei hat das Leben von Fraunhofer alles andere als glücklich begonnen. Sein Vater war Glasermeister, und Joseph hatte zehn Geschwister. Schon im Alter von zehn Jahren verlor er seine Mutter; zwei

Jahre später starb auch sein Vater. Das zwölfjährige Waisenkind wurde als Lehrling zu einem Glasmacher in München geschickt. Dort zeigte er Interesse an der Optik und versuchte sich selbst auf diesem Gebiet weiterzubilden, was seinem Lehrmeister, Philipp Anton Weichselberger, allerdings nicht sonderlich gut gefiel. Trotzdem war er indirekt daran beteiligt, dass Fraunhofers Leben im Jahr 1801 eine dramatische Wende nahm. Zuerst zum Schlechteren, denn das Haus von Weichselberger stürzte ein und Joseph wurde unter den Trümmern verschüttet. Das Ereignis und die folgende Rettungsaktion erregten die Aufmerksamkeit der Obrigkeit. Kurfürst Maximilian IV. Joseph, der spätere König von Bayern, sah sich die Unglücksstelle persönlich an und war von der Rettung des jungen Fraunhofer so beeindruckt, dass er ihm 18 Dukaten schenkte. Durch den Kurfürsten kam Fraunhofer auch mit Joseph von Utzschneider in Kontakt. Der ehemalige hohe Staatsbeamte war gerade dabei, sich als Unternehmer zu etablieren, und schien ebenfalls Gefallen an dem schlauen Lehrling zu finden. Er verschaffte Joseph Zugang zu wissenschaftlicher Literatur, mit deren Hilfe er sich mit Mathematik und Optik beschäftigen konnte. Er nutzte das Geldgeschenk des Fürsten, um sich eine eigene optische Schleifmaschine zu kaufen, und konnte sich damit nun nicht nur in der Theorie, sondern auch in der Praxis weiterbilden. Er beendete seine Lehrzeit im Jahr 1806 ohne weitere Zwischenfälle und wechselte danach an das »Mathematisch mechanische Institut« in München. Dort sollten Teleskope, Mikroskope und andere optische Instrumente hergestellt werden. Fraunhofer entwickelte neue Maschinen, erforschte unterschiedliche Glassorten und fing auch an, sich wissenschaftliche Fragen zu dem zu stellen, was er da tat. Er wollte unter anderem wissen, wie gut verschiedene Glassorten darin sind, Licht zu brechen und zu streuen.

Schon mehr als hundert Jahre vor Fraunhofers Geburt hat Isaac Newton in einem seiner berühmtesten Experimente gezeigt, dass weißes Sonnenlicht aus einer bunten Farbmischung besteht. Lässt man das Licht auf ein Prisma, ein speziell geformtes Stück Glas, fallen, dann entsteht ein Regenbogen. Das Glas lenkt das Licht ab, aber jede Farbe wird unterschiedlich stark gebrochen, sodass die Mischung in ihre Bestandteile zerlegt wird. Fraunhofer wollte das ganz genau verstehen, unter anderem um die Qualität der von ihm hergestellten Glassorten zu vergleichen. Bei seinen Experimenten mit der Lichtbrechung hat er aber nicht nur jede Menge Regenbogen beobachtet, sondern auch Hunderte dunkle Linien, die sich durch die bunten Farben zogen. Als er diese Entdeckung im Jahr 1814 machte, wusste er nicht, dass der englische Forscher William Hyde Wollaston genau solche Linien schon zwölf Jahre vorher beobachtet hatte. In einer Arbeit mit dem Titel »Eine Methode zur Untersuchung der Brechungs- und Dispersionskräfte mittels prismatischer Reflexion« hat der Chemiker jede Menge unterschiedliche Materialien auf ihre Fähigkeit zur Lichtbrechung und -streuung untersucht. Fast schon in einem Nebensatz merkte er an, dass er dabei auch dunkle Linien gesehen hat, die er aber, so scheint es, als Trennungslinien zwischen den Farben des Regenbogens interpretierte. Darüber hinaus hat Wollaston sich nicht weiter mit dem Thema beschäftigt. Fraunhofer dagegen schon. Er zählte mehr als 500 dieser dunklen Linien und entdeckte sie nicht nur an den Übergängen zwischen den Farben, sondern überall. Er fand sie im Licht der Sonne, aber ebenso im Licht der Venus und des Mondes, und das genau an den gleichen Positionen. Das, so stellte Fraunhofer fest, deutete darauf hin, dass es sich tatsächlich um eine Eigenschaft des Sonnenlichts selbst handeln muss, denn Venus und Mond leuchten ja nicht selbst, sondern reflektieren das Licht der Sonne nur. Im Licht von Sternen wie Sirius oder Beteigeuze konnte er dagegen zwar auch Linien erkennen – deren Position im Regenbogen stimmte aber nicht mit den Linien aus dem Sonnenlicht überein.

Fraunhofer hat diese Linien katalogisiert und genau beschrieben; er war allerdings nicht mehr in der Lage, ihre wahre Natur zu entschlüsseln. Am 7. Juni 1826 starb er im Alter von nur 39 Jahren an Lungentuberkulose. Hätte er seinen 73. Geburtstag noch erlebt, hätte er die nur wenige Wochen zuvor erschienene Arbeit von Robert Wilhelm Bunsen und Gustav Robert Kirchhoff lesen können. Darin beschreiben die beiden Wissenschaftler, wie sie in ihren Experimenten den Ursprung von Fraunhofers Linien entdeckt haben. Wir werden in späteren Kapiteln noch genauer sehen, wie das funktioniert, aber Bunsen und Kirchhoff konnten nachweisen, dass jedes chemische Element ein ganz charakteristisches Muster an Linien erzeugt. Die Elemente blockieren einen genau definierten Bereich des Lichts – jedes Atom hat quasi einen eigenen Strichcode. Wenn wir das Licht der Sonne beobachten, dann sehen wir Licht, das in ihrem Zentrum erzeugt wurde und sich dann von dort durch ihre äußeren Gasschichten bis zu uns bewegt hat. Die dunklen Linien, die Fraunhofer beobachtet hat, zeigen also an, welche chemischen Elemente dort vorhanden sind. Oder anders gesagt: Die dunklen Linien im Regenbogenlicht der Sterne verraten uns, woraus diese bestehen. Das ist eine revolutionäre Entdeckung. Wenn wir wissen wollen, woraus ferne Sterne oder Galaxien bestehen, dann können wir das allein durch die Analyse des Lichts herausfinden, das uns hier auf der Erde erreicht. Durch Fraunhofers Forschung sind die Sterne von Lichtpunkten am Nachthimmel zu physikalischen Objekten geworden, deren Natur sich aufs Genauste erforschen lässt.

Auf seinem Grabstein am Alten Münchner Südfriedhof findet man auch heute noch die Inschrift »Approximavit sidera«. Und mit diesem Zitat endet auch der erste Akt in der großen Farben-Geschichte des Universums: »Er brachte uns die Sterne näher«.

Die Farbe Rot hat in dieser Geschichte bis jetzt nur eine Co-Star-Rolle gespielt, gleichberechtigt neben den anderen Farben des Regenbogens. Aber das wird sich bald ändern. Die Fraunhoferschen Linien haben uns die Sterne nähergebracht. Und das gilt im übertragenen Sinn ebenso wie in einem sehr realen. Alle Objekte im Universum sind in Bewegung. Und die dunklen Linien im kosmischen Regenbogen geben nicht nur Aufschluss darüber, wohin sie sich bewegen, sondern über noch viel mehr. Der nächste Akt der großen Geschichte spielt nur wenig südlich von Fraunhofers Heimat und ein paar Jahrzehnte später. Und sie endet mehr als ein Jahrhundert danach mit einer Entdeckung, die unser Bild des Universums über den Haufen geworfen hat. Am 25. Mai 1842 hat ein Astronom aus Salzburg die Arbeit »Über das farbige Licht der Doppelsterne und einiger anderer Gestirne des Himmels« veröffentlicht. So gut wie alles, was er darin schreibt, ist falsch. Aber die Gedanken darin waren ebenso einfach wie revolutionär.

Der im Jahr 1803 geborene Christian Doppler hätte eigentlich Steinmetz werden sollen wie sein Vater. Für diese körperlich anstrengende Arbeit war er aber zu schwach. Glücklicherweise erkannte der Mathematiker Simon Stampfer das naturwissenschaftliche Interesse und Talent des jungen Christian und brachte dessen Vater dazu, seinem Sohn eine entsprechende Ausbildung zu ermöglichen; zuerst am Gymnasium und danach an der Universität. Doppler interessierte sich vor allem für die Astronomie, für die man in Salzburg aber zur damaligen Zeit »weder Begriff noch Sinn« hatte, wie Stampfer anmerkte.

Doppler schien das ebenfalls so zu sehen und arbeitete zuerst in Wien und danach am Prager Polytechnischen Institut, wo er ab 1841 auch eine Stelle als Professor bekam. Bei seiner Forschung interessierte er sich insbesondere für die Farben der Sterne. Er bemerkte, dass die meisten Sterne, die er durch sein Teleskop betrachtete, rötlich oder gelblich erschienen. Wenn er dagegen Doppelsterne ins Visier nahm, sah ihr Anblick wesentlich bunter aus. Ihr Licht erschien ihm blutrot, purpurfarben, blau, grün oder violett. Doppler wollte den Grund für diesen Unterschied verstehen und glaubte, ihn in der Bewegung gefunden zu haben. Doppelsterne sind, wie der Name nahelegt, zwei Sterne, die einander umkreisen. Das bedeutet aber auch, dass sich, von der Erde aus betrachtet, einer der beiden Sterne immer gerade auf uns zubewegt, während der andere sich entfernt.* Das, so Doppler, muss Konsequenzen für das Licht haben, das diese Sterne aussenden. Denn es gibt ein Phänomen bei der Ausbreitung von Lichtwellen, auf das man, wie Doppler in seiner Arbeit schreibt, bisher »so gut wie keine Rücksicht genommen hat« und das »sehr bemerkenswerth« sei.

Alle, die noch eine rudimentäre Erinnerung an den Physikunterricht in der Schule haben, werden vermutlich längst wissen, worum es geht. Immerhin ist dieses Phänomen heute als »Doppler-Effekt« bekannt und wird üblicherweise mithilfe von Polizeiautos, Krankenwagen, der Feuerwehr oder anderen Einsatzfahr-

* Natürlich hängt das im Detail auch davon ab, unter welchem Winkel wir auf das Sternpaar blicken. Aber selbst wenn wir quasi schräg auf die Ebene blicken, in der die Sterne sich umkreisen, gibt es trotzdem eine Komponente ihrer Bewegung, die genau auf uns zu- beziehungsweise von uns weggerichtet ist. Nur falls wir zufällig exakt von oben auf die Ebene der Sterne schauen, würden wir keine Bewegung dieser Art sehen können.

zeugen beschrieben. Hauptsache, das Ding bewegt sich und hat eine Sirene dabei. Die sendet Schallwellen aus, und wenn sich diese Schallquelle auf uns zubewegt, dann ändert sich die Tonhöhe des Geräuschs. Steht das Auto mit Sirene einfach unbewegt neben uns, dann hören wir immer denselben Ton (und das vermutlich ziemlich laut). Wenn das Einsatzfahrzeug aber von uns wegfährt, werden die Wellenberge und -täler aus unserer Sicht auseinandergezogen. Das Auto entfernt sich ja von uns, während es die Schallwellen aussendet, und die Wellenberge (oder -täler), die vorher in gleichmäßigen Zeitabständen bei uns angekommen sind, treffen nun nach immer längeren Zeitspannen auf unser Ohr. Nähert sich die Sirene, ist es genau umgekehrt: Die Welle wird aus unserer Sicht gestaucht. Das resultierende Phänomen ist allen bekannt. Die Sirene klingt höher, wenn sie sich uns nähert, und tiefer, wenn sie sich wieder entfernt. Die Frequenz des Tons ändert sich, denn aus physikalischer Sicht ist die Frequenz nichts anderes als der (zeitliche) Abstand zwischen zwei Wellenbergen (oder -tälern). Und genau diese Distanz verändert sich für unseren Standpunkt durch die Bewegung der Schallquelle.

Zu Dopplers Zeiten gab es natürlich noch keine Einsatzfahrzeuge mit Sirene oder zumindest keine, die sich ausreichend schnell bewegen konnten, um den Effekt hörbar zu machen. Christian Doppler stellte sich stattdessen Boote auf dem Wasser vor, die in regelmäßigen Abständen Wellen erzeugen. In welchen zeitlichen Abständen diese Wellen bei uns ankommen, hängt von der Bewegungsrichtung und -geschwindigkeit der Boote ab. Doppler konnte diese eigentlich recht einfache Beobachtung in ein mathematisches Gesetz fassen, das für alle Arten von Wellen gilt – also nicht nur für Schallwellen und Wellen auf dem Wasser, sondern auch für die Lichtwellen, die zum Beispiel ein Stern aussendet. In diesem Fall bestimmt die

Frequenz aber nicht die Tonhöhe, sondern die Farbe. Oder anders gesagt: Bewegt sich die Quelle eines Lichtstrahls auf uns zu, dann sollten wir eine andere Farbe wahrnehmen, als wenn sie sich entfernt. Im ersten Fall wird die Lichtwelle gestaucht und ihre Farbe verschiebt sich in Richtung des blauen Endes des Regenbogens, im anderen Fall sehen wir alles etwas rötlicher (weil blaues Licht eine kürzere Wellenlänge, also eine höhere Frequenz, hat als rotes Licht). Das, so Doppler, ist der Grund, warum Doppelsterne so schön bunt sind: Die Farben, die wir wahrnehmen, ändern sich, je nachdem, ob sie bei ihren Umkreisungen gerade auf uns zukommen oder sich entfernen.

Das war eine schöne Erklärung und physikalisch plausibel noch dazu. Nur war sie leider auch vollkommen falsch. Doppler hat das grundlegende Phänomen zwar völlig richtig erkannt, aber dabei überschätzt, wie schnell sich Sterne eigentlich bewegen können. Doppler ging davon aus, dass sie mit bis zu 50 Prozent der Lichtgeschwindigkeit unterwegs sein können. Und auch wenn Sterne durchaus schnell sein können, ist das absolut übertrieben. Die Kommentare seiner Kollegen fielen dementsprechend aus, vor allem, weil Doppler noch mehr dramatische Behauptungen machte. Im 16. und 17. Jahrhundert beobachteten die Astronomen Tycho Brahe und Johannes Kepler, dass am Himmel plötzlich Sterne auftauchten, wo vorher keine zu sehen waren, nur um ein paar Monate später wieder zu verschwinden. Das, meinte Doppler, seien Sterne, die sich so enorm schnell bewegen, dass ihre Farbe so weit verschoben wurde, dass unsere Augen sie nicht mehr wahrnehmen können. Und nur wenn sie zwischendurch kurz einmal langsamer werden, können wir sie aufleuchten sehen. Auch hier wissen wir heute, dass Doppler völlig falsch lag. Die plötzlich am Himmel erscheinenden Sterne waren auch vorher schon da. Das, was wir sehen, ist ihr explosives Ende, wenn die Kernfusion in ihrem Inneren endet und sie unter ihrem eigenen Gewicht in sich zusammenfallen. Bei den Farben der Doppelsterne hat er sich ebenfalls geirrt. Dass er Doppelsterne so bunt wahrgenommen hat, war eine simple Sinnestäuschung, vermutlich unterstützt durch Abbildungsfehler der von ihm benutzten Teleskope. Die von unserem Auge wahrgenommene Farbe hängt nicht nur von der Frequenz des Lichts ab, sondern auch von der Helligkeit und dem Farbeindruck, den wir von der Umgebung der Lichtquelle haben. Wenn man zwei hell leuchtende Sterne in einem Teleskop betrachtet, kann es durchaus scheinen, als hätten sie kontrastierende Farben, wie Blau und Rot.

Das alles bedeutet aber nicht, dass der Doppler-Effekt nicht real ist. Davon können wir uns ja überall überzeugen, wo gerade ein Einsatzfahrzeug rumfährt. Kurz nach Dopplers Veröffentlichung wurde das Phänomen zumindest akustisch auch nachgewiesen. Der niederländische Wissenschaftler Christophorus Henricus Didericus Buys Ballot wollte eigentlich zeigen, dass Doppler sich geirrt haben musste, und hat dafür ein ausgeklügeltes Experiment entworfen. Mangels schneller Autos mit Sirene ließ er einen Schwung Trompetenspieler auf einem offenen Eisenbahnwaggon Platz nehmen. Dieser musikalische Zug fuhr am 3. Juni 1845 mit exakt festgelegter Geschwindigkeit die Strecke zwischen Utrecht und Maarssen ab, entlang derer ebenfalls Musiker positioniert waren. Die Trompeter waren angewiesen, einen exakt definierten Ton zu spielen, ihre Kollegen auf der Strecke sollten mit ihrem geschulten Gehör zu Protokoll geben, welchen Ton sie wahrnehmen. Das Resultat: Die Tonhöhe verschiebt sich tatsächlich so, wie Doppler es vorhergesagt hatte.

Und wenn der Doppler-Effekt bei Schallwellen existiert, dann muss er auch bei Lichtwellen auftreten. Da Licht aber viel schneller schwingt als der Schall, ist der Farbwechsel nicht so direkt zu sehen, wie Doppler sich das damals dachte. Gehen wir an dieser Stelle in unserer Geschichte wieder zurück zu Joseph Fraunhofer. Er hat die dunklen Linien im Licht der Sterne vermessen und ihre Position extrem genau bestimmt. Kirchhoff und Bunsen konnten zeigen, dass diese Linien nicht willkürlich verteilt sind, sondern bestimmte Muster bilden, je nachdem, welches chemische Element diese Linien verursacht hat. Natrium zum Beispiel erzeugt – unter anderem – zwei charakteristische, dicht nebeneinanderliegende Linien im gelben Bereich des Lichtspektrums. Wir wissen, wo diese Linien im Regenbogen auftauchen müssen. Wenn wir sie aber plötzlich in einem anderen Bereich sehen, dann muss genau das passiert sein, was Doppler vorhergesagt hat: Die Farben haben sich aufgrund der Bewegung des Sterns ein wenig verschoben, und die Linien verlagern sich an eine andere Position. Sind sie in Richtung des blauen Endes des Spektrums verschoben, dann kommt der Stern auf uns zu. Sehen wir dagegen eine sogenannte »Rotverschiebung«, dann entfernt sich die Lichtquelle, und zwar umso schneller, je größer die Verschiebung ist.

Erst die Feinstruktur der Dunkelheit im Licht der Sterne macht die Verschiebung der Farben sichtbar, die Doppler beschrieben hat. Und damit war es möglich, nicht nur die Zusammensetzung der Sterne zu bestimmen, sondern auch herauszufinden, wohin sie sich bewegen und wie schnell sie dabei sind. Wie Fraunhofer hat auch Christian Doppler die Astronomie revolutioniert. Und wie Fraunhofer hat auch Doppler diese Revolution nicht mehr erlebt. Nachdem er 1850 noch zum ersten Professor für experimentelle Physik am neu gegründeten Institut für Physik der Universität Wien ernannt worden war, musste er sich bald gegen immer absurdere Vorwürfe seiner Kollegen wehren. Zu allem Überfluss wurde er auch immer kränklicher. Er übersiedelte 1852 zur Erholung nach Venedig, wo er ein Jahr später – eine weitere traurige Parallele zu Fraunhofer – an einer Lungenerkrankung starb.

Dank Christian Doppler wissen wir heute, dass die Farben mehr Information bergen, als sie auf den ersten Blick zeigen. Wir müssen nicht nur darauf achten, in welcher Farbe ein Stern leuchtet, sondern auch ganz genau hinterfragen, ob es wirklich die Farbe ist, die er haben sollte. Dabei hilft uns das Netzwerk der dunklen Fraunhofer-Linien, die sich wie ein Maßstab durch den Regenbogen ziehen. Ohne das tiefgreifende Verständnis des Doppler-Effekts und der Fraunhofer-Linien wäre die moderne Astronomie blind und ahnungslos. Und angesichts der fundamentalen Entdeckungen, die dadurch möglich wurden und die wir im nächsten Akt der Geschichte genauer betrachten werden, ist es eigentlich eine Schande, dass sich die Stadt Salzburg so sehr auf Wolfgang Amadeus Mozart konzentriert, während Christian Doppler außerhalb der Wissenschaft mehr oder weniger unbekannt ist. (Bis auf eine winzige Ausnahme zumindest: Allen Leserinnen und Lesern, die einen Besuch in Salzburg planen, sei geraten, die überschätzten Mozartkugeln zu meiden und sich stattdessen auf die Suche nach dem »Doppler-Kon(Ef)fekt« zu begeben, das die Konditorei Fürst dankenswerterweise herstellt.)

Bis jetzt hat sich diese große, bunte Geschichte des Universums mit den Sternen beschäftigt. Im dritten und letzten Akt geht es dagegen ums Ganze. Es geht um die uralte und grundlegende Frage nach dem Ursprung von allem und unserem Platz im Kosmos. Wir verlassen dafür Europa und gehen nach Amerika. Dort treffen wir eine Frau und einen Mann, die einander vermutlich nie begegnet sind, gemeinsam aber eines der größten Rätsel der Menschheit gelöst und dadurch noch viel größere Fragen aufgeworfen haben.

Der letzte Akt beginnt am 4. Juli 1868 in Massachusetts. An diesem Tag wurde Henrietta Swan Leavitt in der Stadt Lancaster geboren. Sie gehörte zu den ersten Frauen in den USA, die ein Studium an einer Hochschule absolvieren durften. Am Radcliffe College der Universität Harvard belegte sie Kurse in Kunst, Philosophie, Sprachen und Mathematik. Und in ihrem letzten Jahr dann auch einen Kurs zur Astronomie. Dieses Thema faszinierte Henrietta Swan Leavitt, aber »Astronomin« war zur damaligen Zeit keine für eine Frau vorgesehene Berufsbezeichnung. Swan Leavitt tat daher das, was diesem Job am nächsten kam: Sie wurde ein Computer. Mit diesem Wort hat man damals nicht die Geräte bezeichnet, die wir heute so nennen. Es war der Name für einen Beruf, der in der Astronomie meist speziell für Frauen vorgesehen war. Die Astronomie ist eine Wissenschaft, in der viel gerechnet werden muss. Es reicht nicht, einfach nur durch das Teleskop zu schauen – die Beobachtungsdaten müssen ausgewertet und aufbereitet werden, und dazu ist sehr viel Mathematik nötig. Und wenn man diesen Daten dann tiefere Erkenntnisse abringen möchte, kommt man ohne entsprechende Berechnungen sowieso nicht weit. Diese ganze Rechnerei war allerdings – aus Sicht der damals vor allem männlichen Astronomen – eher nervig und langweilig. Also genau die Art von Arbeit, die man ruhig auch Frauen überlassen konnte. Ein weiterer Vorteil, zumindest aus Sicht der ebenfalls von Männern geleiteten Forschungseinrichtungen: Frauen konnte man deutlich schlechter bezahlen als Männer. Und so deprimierend diese Ansichten aus heutiger Sicht auch sind: Damals führten sie dazu, dass an Sternwarten ungewöhnlich viele Frauen beschäftigt wurden, um astronomische Berechnungen anzustellen. Man nannte sie zwar »Computer«, aber im Gegensatz zu den Maschinen, die wir heute so nennen, waren diese Frauen durchaus mit Kreativität, Neugier und Forschungswillen ausgestattet.

Henrietta Swan Leavitts Aufgabe war es, variable Sterne zu katalogisieren, also Sterne mit veränderlicher Helligkeit. Natürlich ändert jeder Stern seine Helligkeit, auch unsere Sonne leuchtet nicht ständig konstant. Diese speziellen »Veränderlichen« werden jedoch im Laufe regelmäßiger Perioden deutlich heller und dunkler. Swan Leavitt musste Tausende fotografische Aufnahmen des Himmels nach genau solchen Sternen durchsuchen. Das war keine leichte Aufgabe: Jeder der kleinen Punkte auf dem Bild musste genau vermessen und seine Helligkeit berechnet werden. Dann wiederholt man den Vorgang mit einer Aufnahme von einem späteren Zeitpunkt. Und so weiter. Erst nach langer Rechnerei und Datenauswertung lassen sich alle Werte vergleichen und mit etwas Glück ein paar Veränderliche identifizieren. Eigentlich war all das ein rein mechanischer Vorgang, der heute problemlos und automatisch von Computerprogrammen erledigt wird. Damals aber war Henrietta Swan Leavitt der Computer, und sie arbeitete ihr Pensum nicht einfach nur ab, sondern machte sich darüber hinaus auch Gedanken über die Ergebnisse.

Ab 1903 war sie mit der Auswertung von Aufnahmen des südlichen Himmels beschäftigt, insbesondere mit der Untersuchung von Sternen in der Großen und Kleinen Magellanschen Wolke – zwei Ansammlungen von Sternen, die beide von Mitteleuropa aus nicht sichtbar sind. Am Himmel der Südhalbkugel erkennt man sie aber als unregelmäßig geformte, wolkenartige Gebilde. Bis zum Jahr 1912 konnte Swan Leavitt in beiden Wolken jeweils fast tausend veränderliche Sterne identifizieren. Sie konzentrierte sich dabei auf eine spezielle Art der Veränderlichen, die sogenannten Cepheiden. Sie ändern ihre Helligkeit mit einer Periode, die typischerweise zwischen einem und 100 Tagen liegt. Entdeckt hatte man diese Klasse der veränderlichen Sterne schon im 18. Jahrhundert, aber niemand hat sie so genau und in einem solchen Ausmaß studiert wie Henrietta Swan Leavitt. Und deswegen war sie auch die Erste, der etwas aufgefallen ist, das eigentlich schon viel früher hätte auffallen können: Es gibt einen Zusammenhang zwischen der Periode der Helligkeitsveränderung und ihrer Leuchtkraft. Oder anders gesagt: Je heller so ein Cepheid ist, desto langsamer verläuft die Änderung seiner Helligkeit.

Das mag erst mal nicht sonderlich aufregend klingen, aber diese »Perioden-Leuchtkraft-Beziehung« war eine beeindruckende Entdeckung mit weitreichenden Konsequenzen. Als ich weiter oben vom Roten Überriesen Antares erzählte, habe ich auch angemerkt, wie schwierig es ist, etwas über die wahren Eigenschaften der Sterne zu erfahren, da wir von der Erde aus nur sehen können, wo sich ein Stern befindet und wie hell er erscheint. Diese scheinbare Helligkeit lässt sich direkt messen, und genau diese Daten hat Swan Leavitt aus den Beobachtungen berechnet. Aber die scheinbare Helligkeit sagt uns vorerst noch nichts über die absolute Helligkeit, also darüber, wie hell ein Stern tatsächlich ist. Ein schwach leuchtender Stern in geringer Entfernung kann am Himmel genau gleich hell erscheinen wie ein Stern mit enormer Leuchtkraft, der sich dafür aber sehr weit weg befindet. Solange wir die Entfernung nicht kennen, können wir auch die absolute Helligkeit nicht bestimmen. Und das war auch bei den Sternen der Fall, mit denen Henrietta Swan Leavitt sich beschäftigen musste. Die Periode der Helligkeitsänderungen war vergleichsweise leicht zu bestimmen, aber die Helligkeit der Sterne selbst war eben immer nur die scheinbare

Helligkeit. Die hellen Cepheiden in den Daten mussten nicht zwangsläufig auch wirklich heller sein als die, die auf den Aufnahmen dunkler erscheinen – und dadurch wäre es für Henrietta Swan Leavitt eigentlich unmöglich gewesen, einen Zusammenhang zwischen der wahren Helligkeit und der Periode der Helligkeitsänderung zu finden.

Aber sie hatte einen genialen Gedanken: Da sie es nur mit Sternen in den Magellanschen Wolken zu tun hatte, konnte sie in erster Näherung davon ausgehen, dass sie alle mehr oder weniger gleich weit von der Erde entfernt sind. Natürlich haben diese Wolken eine Ausdehnung,* und tatsächlich sind manche Sterne dort uns näher als andere. Aber im Vergleich zur Entfernung der ganzen Wolke fällt das kaum ins Gewicht. Wenn sie also nur Sterne aus jeweils der Kleinen oder Großen Magellanschen Wolke betrachtet, so Leavitt, konnte sie davon ausgehen, dass sie alle gleich weit entfernt sind. Und in diesem Fall müssen Sterne, die uns heller erscheinen, auch tatsächlich heller sein. Die scheinbare Helligkeit ist in diesem Fall ausnahmsweise wirklich ein Hinweis auf die absolute Helligkeit. Dadurch war es ihr möglich, die Perioden-Leuchtkraft-Beziehung zu beschreiben: Findet man irgendwo einen Cepheiden, dann muss man nur noch die Periode seiner Helligkeitsänderung messen. Mit Swan Leavitts Formel berechnet man daraus im nächsten Schritt die absolute Helligkeit und vergleicht sie mit der scheinbaren, die man von der Erde aus beobachtet. Aus der Differenz folgt direkt die Entfernung des Sterns. Henrietta Swan Leavitt hatte eine neue Methode entdeckt, um die Distanz zu den Sternen zu vermessen!

* Die Kleine Magellansche Wolke hat einen Durchmesser von ungefähr 10 000 Lichtjahren, die Große Magellansche Wolke ist anderthalb mal so groß.

Die Ergebnisse ihrer Forschung wurden 1912 in einem Fachartikel mit dem Titel »Perioden von 25 veränderlichen Sternen in der Kleinen Magellanschen Wolke« veröffentlicht. Als Verfasser ist dort allerdings Edward Pickering angegeben. Das war der Direktor der Sternwarte von Harvard und Swan Leavitts Chef, und er war immerhin so nett, im ersten Absatz des Artikels anzumerken, dass diese Arbeit von »Miss Leavitt vorbereitet« wurde. Innerhalb der Astronomie war man sich der Bedeutung von Henrietta Swan Leavitts Arbeit aber durchaus bewusst. Eine derart praktische und neue Methode zur Entfernungsmessung erregte dort zwangsläufig Aufmerksamkeit. Bis dahin konnte man Entfernungen nur mit der Parallaxenmethode messen, die auf der scheinbaren Verschiebung der Sternposition basiert, wenn man ihn zu unterschiedlichen Zeiten im Jahr und damit von unterschiedlichen Orten entlang der Erdbahn aus beobachtet.* Das funktioniert aber nur bei vergleichsweise nahen Sternen. Sind sie weiter entfernt, wird der Effekt zu gering, um noch sinnvoll gemessen werden zu können. Die Periode eines Cepheiden kann man aber immer messen, sofern man den Stern noch sehen kann. Mit der Perioden-Leuchtkraft-Beziehung wurde die Entfernungsmessung also auch für extrem weit entfernte Objekte möglich.

Der dänische Astronom Ejnar Hertzsprung wollte Henrietta Swan Leavitt sogar für den Nobelpreis nominieren. Und angesichts der Entdeckungen, die ihre Perioden-Leuchtkraft-Bezie-

* Man kann das leicht selbst ausprobieren, indem man den Daumen der ausgestreckten Hand einmal nur mit dem linken und einmal nur mit dem rechten Auge beobachtet. Er scheint dann vor dem Hintergrund hin und her zu springen, weil sich der Blickwinkel verändert. Je näher sich der Daumen dabei an den Augen befindet, desto größer ist der Effekt.

hung in den folgenden Jahren möglich gemacht hat, wäre das auch mehr als verdient gewesen. Aber Swan Leavitt überlebte die Veröffentlichung ihrer Entdeckung leider nur um neun Jahre. Am 12. Dezember 1921 starb sie an Krebs und konnte daher auch nicht mehr erleben, wie ein anderer Astronom knapp drei Jahre später ihre Formel verwendete, um alles über den Haufen zu werfen, was wir bisher über das Universum zu wissen geglaubt hatten. Er konnte zeigen, dass die Farbe Rot für das gesamte Universum eine fundamentale Rolle spielt und uns nicht nur seine ferne Zukunft, sondern auch den Anfang von allem zeigt.

Wer sich mit der Geschichte der Astronomie auskennt, wartet vermutlich darauf, dass jetzt Edwin Hubble ins Spiel kommt. Und das wird selbstverständlich auch passieren. Aber auch wenn der amerikanische Astronom, nach dem das berühmte Hubble-Weltraumteleskop benannt ist, eine zentrale Rolle in diesem Teil der Geschichte spielt, ist er nicht der einzige Protagonist. Den ersten Schritt zu der bahnbrechenden Entdeckung, mit der dieses Kapitel enden wird, hat Vesto Slipher gemacht. Als Astronom an der Lowell-Sternwarte in Arizona hat er sich zu Beginn des 20. Jahrhunderts eigentlich damit beschäftigt, die Planeten des Sonnensystems zu beobachten. Aber im Jahr 1912 war er der Erste, der die Radialgeschwindigkeit des Andromedanebels messen konnte. Genau so lautet auch der Titel seiner Arbeit, »Die Radialgeschwindigkeit des Andromedanebels«, und es lohnt sich, das Wort »Nebel« ernst zu nehmen. Henrietta Swan Leavitt hat sich mit »Wolken« beschäftigt, Vesto Slipher mit einem »Nebel«. Man hat diese Objekte deswegen so genannt, weil sie am Himmel genau so erscheinen: Man sieht wolkenartige, neblige Gebilde, und damals war vollkommen unklar, worum es sich dabei tatsächlich handelt. Man wusste, dass die Magellanschen Wolken keine Wolken, sondern Ansammlungen von Sternen sind, aber auch nur deswegen, weil sie vergleichsweise nahe Objekte waren und daher ausreichend gut beobachtet werden konnten. Beim Andromedanebel und den vielen anderen nebelartigen Gebilden, die man am Himmel sah, war es sehr viel schwieriger. In den meisten Fällen konnte man darin keine einzelnen Sterne erkennen, und man hatte auch absolut keine Vorstellung von ihrer Entfernung. Zu Beginn des 20. Jahrhunderts gab es in der Welt der Astronomie daher zwei Gruppen mit genau entgegengesetzten Meinungen. Die einen waren der Ansicht, dass das ganze Universum nur aus den Sternen besteht, die wir am Himmel sehen können – dass also unsere Milchstraße alles ist, was existiert. Nach dieser Vorstellung sind die Nebel tatsächlich nichts anderes als vergleichsweise kleine, nebelartige Gebilde, die sich innerhalb der Milchstraße befinden. Die andere Gruppe vertrat die Meinung, dass das Universum in Wahrheit sehr, sehr viel größer ist, als man bisher gedacht hatte. Sie gingen davon aus, dass Objekte wie der Andromedanebel tatsächlich aus Milliarden von Sternen bestehen und nur wegen ihrer enormen Entfernung als nebelartige Gebilde am Himmel erscheinen. Aus dieser Entfernung betrachtet, so Gruppe zwei, würde auch die Milchstraße wie ein solcher Nebel aussehen. Das Universum ist voll mit diesen »Sterneninseln«, voller Galaxien, die aus jeweils Hunderten Milliarden von Sternen bestehen – und die Milchstraße ist nur eine davon.

Für beide Ansichten gab es zum damaligen Zeitpunkt gute Argumente; beide Ansichten konnten aber mit ebenso guten Argumenten kritisiert werden. Es brauchte bessere Daten, um eine Entscheidung zu treffen, und die Messung der Radialgeschwindigkeit von Vesto Slipher war der erste Schritt in diese Richtung. Mit »Radialgeschwindigkeit« ist das gemeint, was Christian Doppler im frühen 19. Jahrhundert bei seiner Betrachtung der Sternfarben umgetrieben hat. Die Radialgeschwindigkeit ist der Anteil an der Bewegung eines Sterns – oder eines Nebels –, mit dem sich das Objekt auf uns zubewegt oder sich von uns entfernt. Im einen Fall verschieben sich die dunklen Linien im Licht des Andromedanebels in Richtung Blau, im anderen Fall in Richtung Rot. Slipher konnte diese Rot- beziehungsweise Blauverschiebung messen und war damit der Erste, der den Doppler-Effekt nicht nur bei Sternen, sondern auch bei den immer noch mysteriösen Nebeln beobachten konnte. Die hohe Geschwindigkeit, mit der sich Andromeda auf uns zubewegt, veranlasste Slipher zu der Vermutung, es müsse sich um ein Objekt außerhalb der Milchstraße handeln. Aber das war eben immer noch nur eine Vermutung.

Der Mann, der die Vermutung zur Gewissheit hat werden lassen, war nun tatsächlich Edwin Hubble. 1924 arbeitete er am Hooker-Teleskop der Mount-Wilson-Sternwarte in Kalifornien. Mit einem Spiegeldurchmesser von 2,5 Metern war es das größte Instrument seiner Zeit, und damit gelang es Hubble, einzelne Sterne im Andromedanebel zu beobachten. Einer davon war besonders interessant: Er wurde plötzlich sehr hell und dann wieder dunkel. Hubble dachte zuerst, er hätte es mit einer Nova zu tun. Wenn zum Beispiel die Partner eines Doppelsternsystems einander sehr nahe kommen, dann kann Material von einem Stern zum anderen gelangen. Das feuert dort die Kernfusion explosionsartig an, und es kommt zu einem enormen Helligkeitsausbruch, der einige Zeit lang anhält, bevor alles wieder dunkel wird. Solche Ereignisse finden immer wieder statt und wären in diesem Zusammenhang zwar interessant, aber nicht revolutionär gewesen. Als Hubble die vermeintliche Nova aber weiter beobachtete, leuchtete sie plötzlich ein zweites Mal auf, bevor sie wieder dunkel wurde. Er hatte einen veränderlichen

Stern entdeckt, und nicht nur das, sondern einen vom Cepheiden-Typ. Es handelte sich um genau die Art von Stern, für die man die Perioden-Leuchtkraft-Beziehung von Henrietta Swan Leavitt anwenden kann – was Hubble natürlich tat. Und sein Ergebnis war beeindruckend. Der Andromedanebel war definitiv kein Teil der Milchstraße. Er war Millionen von Lichtjahren entfernt* und musste tatsächlich eine eigenständige Galaxie sein, wie unsere Milchstraße. Und wenn der Andromedanebel in Wahrheit die Andromedagalaxie war, dann traf das vermutlich auch auf die anderen Nebel zu, so Hubble. Als Hubbles Ergebnisse am 1. Januar 1925 offiziell veröffentlicht wurden, ist das Universum auf einen Schlag absurd viel größer geworden. Die Milchstraße, die man davor für die Gesamtheit des Kosmos gehalten hat, war nun nur noch eine Galaxie unter unzähligen anderen, in einem Universum, das größer und leerer war, als man es sich vorstellen konnte und wollte.

Hubbles Arbeit war damit aber noch lange nicht abgeschlossen. Er sammelte Daten, zusammen mit Milton Humason, um die Entfernung möglichst vieler Galaxien zu bestimmen.** Aber das war noch nicht alles. Vesto Slipher hatte ja schon demons-

* Hubble selbst kam damals auf einen Wert von ca. 800 000 Lichtjahren, weil bestimmte Eigenschaften der Cepheiden noch nicht bekannt waren und seine Rechnung deswegen Fehler aufwies. Aber auch mit diesem zu geringen Wert war klar, dass der Andromedanebel eine eigene Galaxie sein musste.

** Humason hatte eine illustre Karriere. Er begann seine astronomische Laufbahn als Maultiertreiber am Mount Wilson, wurde danach Hausmeister an der dortigen Sternwarte und sprang einmal für einen erkrankten Astronomen bei den Beobachtungen ein. Sein intuitives Verständnis für Technik und Wissenschaft hat den Direktor der Sternwarte so beeindruckt, dass er ohne entsprechende Schulbildung und Studium ab 1919 als wissenschaftlicher Mitarbeiter eingestellt wurde.

triert, dass man auch die Radialgeschwindigkeit der Galaxien messen kann. Hubble kombinierte all diese Daten und veröffentlichte seine Ergebnisse im Jahr 1929. Das zentrale Element in seinem Artikel ist eine Abbildung, die die Geschwindigkeit der Galaxien in Abhängigkeit ihrer Entfernung darstellt. Je weiter entfernt eine Galaxie ist, desto schneller bewegt sie sich auch von uns fort. Und sieht man von ein paar lokalen Ausnahmen wie der Andromedagalaxie ab, dann entfernen sich alle Galaxien von uns, und sie tun es umso schneller, je weiter sie weg sind. Das Licht aller fernen Galaxien war in Richtung Rot verschoben. Je weiter Hubble hinaus ins All blickte, desto rötlicher wurde das, was er dort sah. Hubble selbst war vorsichtig, was die Interpretation dieser Daten anging. Der belgische Astronom Georges Lemaître hatte weniger Hemmungen. Für ihn war klar, dass das ein Zeichen für die Expansion des gesamten Universums sein muss. Wenn der gesamte Kosmos sich ausdehnt, dann sieht es von jedem beliebigen Punkt so aus, als würde sich alles andere davon entfernen, und zwar umso schneller, je weiter die Objekte weg sind. Und hinzu kommt: Wenn sich die Galaxien alle voneinander entfernen, dann müssen sie einander früher zwangsläufig näher gewesen sein als heute. Was wiederum bedeutet: Irgendwann, tief in der Vergangenheit, muss es einen Zeitpunkt gegeben haben, zu dem sich die gesamte Materie am selben Ort befand. Das war der Anfang von allem, der Beginn des Universums, das seit damals immer größer und größer wird.

Was Georges Lemaître da formuliert hat, ist im Wesentlichen das, was wir heute die »Urknall-Kosmologie« nennen. Edwin Hubble war der Erste, der die Expansion des Universums beobachtet hat. Er hat also nicht nur gezeigt, dass der Kosmos sehr viel größer ist, als man dachte, sondern auch, dass das Universum kein statisches Gebilde ist. Ein »Anfang« erschien vielen Menschen in der Wissenschaft damals dubios. Ein Anfang von allem, das klingt fast schon ein wenig nach göttlicher Schöpfung, weshalb die meisten Wissenschaftlerinnen und Wissenschaftler davon ausgingen, dass das Universum weder einen Anfang noch ein Ende hat. Die Entdeckungen der 1920er-Jahre haben all das über den Haufen geworfen. Wenn wir weit genug hinaus ins All schauen, sehen wir bei allen Objekten eine Rotverschiebung. Auf kosmischen Distanzen betrachtet, sieht das Universum so aus, wie es sich Christian Doppler damals vorgestellt hat, nur eben nicht so bunt. Alles bewegt sich von uns fort, und deswegen wird alles auch umso röter, je weiter es weg ist.

Joseph Fraunhofer hat durch seine Vermessung der dunklen Linien in den Farben des Sternenlichts einen Maßstab bereitgestellt, mit dem die von Christan Doppler vorhergesagte Verschiebung der Farben nachgewiesen werden konnte. Henrietta Swan Leavitt hat die Veränderung der Sternhelligkeiten so genau betrachtet wie niemand vor ihr und der Astronomie eine neue Methode zur Entfernungsmessung geschenkt. Vesto Slipher, Milton Humason und Edwin Hubble haben diese Instrumente genutzt, um die wahre Natur des Universums zu beobachten. Es leuchtet, in einem übertragenen, aber auch ganz realen Sinn, im roten Licht seiner Expansion und zeigt uns dadurch, dass es einen Anfang gehabt haben muss.

GELB

Über die gelbe Sonne, die nur auf Kinderzeichnungen existiert und deren wahre Farbe uns Auskunft darüber gibt, ob wir alleine im All sind. Über die Farbe der Sternschnuppen, die manchmal gelb sind und in deren Licht das Wissen über den Anfang der Planeten verborgen liegt. Über das, was Gelb uns über das Ende der Erde und der Menschheit verraten kann.

Im letzten Kapitel hat uns die Farbe Rot durch die große Geschichte vom Anfang des Universums geführt. Aber jede große Geschichte hat eine Fortsetzung. Nach der Genesis der Bibel folgt der Exodus, auf »Star Wars« folgt »Das Imperium schlägt zurück«, Goethes »Faust« brauchte »Faust II«, und nach »Star Trek IV: Zurück in die Gegenwart« kam … Okay, schlechtes Beispiel. Aber in der Geschichte der Farben des Universums geht es auf jeden Fall mit einem großen Sequel weiter. Und weil das mit der Farbe Gelb zu tun hat, muss Orange, das im Regenbogen auf Rot folgt, bis zum nächsten Kapitel warten.

Die Rotverschiebung des Universums hat Antworten auf eine Frage geliefert, die Menschen sich schon immer gestellt haben: Wie hat alles angefangen? Auch wenn die Wissenschaft bis heute keine definitive Auskunft darüber geben kann (und das vielleicht auch nie können wird), so sind wir dem Rätsel doch inzwischen näher gekommen als je zuvor. Eine zweite große Frage der Menschheit lautet zweifellos: Sind wir allein im Weltall? Auch darüber zerbrechen wir uns seit Jahrtausenden den Kopf, und auch hier sind wir einer Antwort heute so nahe wie nie zuvor.* Um zu verstehen, wie wir diese Antwort finden können, müssen wir uns mit der Sonne beschäftigen und mit ihrer Farbe.

Welche Farbe hat die Sonne? Gelb natürlich, würde man meinen. Jedes Kind zeichnet die Sonne so verlässlich gelb, wie es die Bäume grün malt. Die Wahrheit sieht tatsächlich anders aus, und wenn wir wissen wollen, ob wir alleine im Universum sind oder nicht, müssen wir nicht nur verstehen, warum die Sonne nicht gelb ist, sondern auch, warum Bäume grün sind.

Fangen wir mit der Sonne an. Wir wissen aus dem Kapitel über die Farbe Rot, dass man Sterne als Schwarze Körper betrachten kann und dass das nicht bedeutet, dass sie tatsächlich schwarz sind, sondern dass es sich um Objekte handelt, deren abgestrahlte Energie nur von der Temperatur der Oberfläche abhängt. Die Sonne hat eine Oberflächentemperatur von gut 5500 Grad Celsius, und daraus folgt, dass unser Stern die meiste Energie als elektromagnetische Strahlung mit einer Wellenlänge im Bereich zwischen 380 und 780 Nanometern abgibt. Das ist ziemlich genau der Bereich des Lichts, den auch unsere Augen sehen können, und genau deswegen erhält man auch den Regenbogen aller Farben, wenn man Sonnenlicht mit einem Prisma in seine Bestandteile aufspaltet. Andersherum betrachtet bedeutet das aber gleichzeitig, dass unsere Sonne weiß leuchtet. Denn mischt man alle Farben des Regenbogens zusammen, ergibt das weißes Licht. Die Sonne ist also nicht gelb, sondern weiß – was man auch sehen könnte, würde man direkt ins Sonnenlicht blicken, was ohne entsprechenden Schutz für die Augen selbstverständlich keine gute Idee ist. Aber manchmal, wenn die Sonne

* Eine ausführliche Darstellung dieser Geschichte kann man in meinem Buch »Die Neuentdeckung des Himmels« (Hanser 2014) nachlesen.

durch eine gerade passende Schicht aus Wolken oder Nebel hindurch scheint, die nicht zu dick ist, um ihr Licht komplett zu blockieren, und nicht zu dünn, um die Gesundheit unserer Augen zu gefährden, kann man unseren Stern betrachten und eine weiße Scheibe am Himmel sehen, die durch die Wolken höchstens einen kleinen Stich ins Graue hat, aber definitiv nicht gelb ist.

Die Vorstellung der gelben Sonne rührt vielleicht von den Momenten her, zu denen wir sie gefahrlos betrachten können und das auch mit besonderer Begeisterung tun: wenn sie am Morgen aufgeht oder am Abend kurz davor ist, hinter dem Horizont zu verschwinden. In beiden Fällen muss sich ihr Licht fast parallel zum Boden oder unter einem sehr flachen Winkel durch die Atmosphäre der Erde bewegen. Es muss daher auch sehr viel mehr Luft durchqueren, als wenn es zum Beispiel mittags direkt von oben auf die Erde scheint. Die Moleküle der Luft lenken das Licht der Sonne ab, und wie bei einem Prisma kommt es auch hier darauf an, welche Farbe das Licht hat. Der blaue Anteil im Sonnenlicht wird stärker abgelenkt als der rote, und wenn das Licht nach seinem Weg durch die Atmosphäre auf unsere Augen trifft, hat die Mischung einen großen Anteil ihres blauen Lichts verloren (wir werden uns das im Detail im Kapitel über die Farbe Blau ansehen). Das, was übrig bleibt, erscheint uns rot-orange-gelblich, und genau deswegen bietet die Sonne zu diesen Zeitpunkten auch so einen spektakulären farbenfrohen Anblick, der sich in der kollektiven Vorstellung zum Bild eines gelben Sterns gewandelt hat.

Die Sonne ist also nicht gelb, sondern weiß, aber das ist noch nicht das Ende dieser Geschichte. Wir müssen noch einen genaueren Blick auf das Plancksche Strahlungsspektrum unseres Sterns werfen. So bezeichnet man die Kurve, die – nach dem im Kapitel über die Farbe Rot beschriebenen Gesetz von Max

Planck – angibt, wie viel Energie ein Schwarzer Strahler mit einer bestimmten Temperatur bei einer konkreten Wellenlänge abgibt. Dabei wird natürlich das komplette elektromagnetische Spektrum inkludiert, nicht nur der für unsere Augen sichtbare Bereich, denn die Sonne strahlt in allen Farben, auch in denen, die wir nicht sehen können. Vom kurzwelligen Gamma- und Röntgenlicht kommend, steigt das Strahlungsspektrum der Sonne in Richtung des für uns immer noch unsichtbaren ultravioletten Lichts schnell an. Ihre höchsten Werte erreicht sie im Regenbogen des sichtbaren Lichts. Danach sinkt die Energie langsam wieder ab, die sie nun in den noch langwelligeren Bereichen der Infrarot-, Mikrowellen- und Radiostrahlung abgibt. Wenn wir wissen wollen, in welchem Bereich die Sonne die meiste Energie abgibt, müssen wir den höchsten Punkt der Kurve suchen. Wir finden ihn bei einer Wellenlänge von ungefähr 500 Nanometer, mitten im grünen Bereich des Regenbogens.

Ist unsere Sonne also in Wahrheit ein grüner Stern? Ja und nein. Ja, weil sie den größten Teil ihrer Strahlungsenergie tatsächlich als grünes Licht abgibt. Und nein, weil sie eben nicht nur grünes Licht abstrahlt, sondern auch Licht aller anderen Farben, und davon nicht viel weniger, denn das würde das Plancksche Strahlungsgesetz nicht zulassen. Grün aber liegt genau in der Mitte des Regenbogens, zwischen Rot und Blau. Wenn sich das Maximum der Abstrahlung dort befindet, kann ein Stern zwangsläufig nur eine Mischung aller sichtbaren Farben aussenden und muss weiß leuchten. Anders wäre es bei Sternen, die deutlich kühler oder heißer sind als die Sonne. Ein Stern mit einer geringeren Oberflächentemperatur hat das Maximum seines Strahlungsspektrums im roten oder vielleicht sogar infraroten Bereich. Wir sehen dann eine Mischung an Licht, die aus sehr viel Rot besteht, mit ein bisschen weniger Blau,

Gelb und Grün. Das Licht solcher kühlen Sterne hätte dann auch noch einen relevanten Anteil an Licht im infraroten Bereich, aber das nehmen unsere Augen nicht wahr. Es bleibt bei einer Mischung, in der das Rot überwiegt, und der Stern sieht rot aus. Bei heißen Sternen ist es umgekehrt, da liegt das Maximum im blauen oder ultravioletten Bereich, und die Mischung des für uns sichtbaren Anteils wird bläulich.

Die Sonne ist also ein Stern, der viel grünes Licht abstrahlt, unseren Augen aber trotzdem weiß erscheinen muss. Wie schon erwähnt sind unsere Augen generell sehr unzuverlässige optische Instrumente. Das, was wir sehen, muss nicht unbedingt mit dem übereinstimmen, was tatsächlich zu sehen ist. Bei den Farben der Sterne trifft das gleich doppelt zu. Einerseits kann man sie zwar sehr gut näherungsweise als Schwarze Körper beschreiben. Aber nicht exakt, denn sie sind Sterne und nicht die fiktiven Objekte, die der Theorie von Max Planck zugrunde liegen. Außerdem wissen wir dank Joseph Fraunhofer auch, dass der Regenbogen ihres Lichts von dunklen Bereichen durchsetzt ist, was die resultierende Mischung an Licht ebenfalls beeinflusst. Und andererseits ist unser Auge auch nicht in der Lage, beliebig viele Wellenlängen zu registrieren und die entsprechende Farbmischung daraus zu bilden und als Sinneseindruck an unser Gehirn zu melden. Wir besitzen drei unterschiedliche Typen von Farbrezeptoren, die »Zapfen« genannt werden. Ein Typ ist besonders gut darin, blauviolettes Licht wahrzunehmen, ein anderer kann grünes Licht wahrnehmen, und der dritte Typ kann gelbliches Licht am besten absorbieren. Die Bereiche dazwischen, davor und dahinter werden von den Zapfen weniger effektiv abgedeckt, und welche Farbe wir tatsächlich wahrnehmen, hängt deswegen von der Mischung an Wellenlängen ab, die auf unser Auge treffen, und zudem davon, was unsere

Rezeptoren damit anstellen. Beim Licht der Sterne kommt erschwerend hinzu, dass ihre Farbe zusätzlich durch die Atmosphäre der Erde verfälscht wird.

Es ist also gar nicht so einfach, die Farben der Sterne zu bestimmen, wenn wir sie mit unseren Augen wahrnehmen. Deswegen haben sich die beiden Astronomen Jan-Vincent Harre und René Heller von der Universität Göttingen und dem Max-Planck-Institut für Sonnensystemforschung die Frage gestellt, welche Farbe die Sterne für unsere Augen wirklich hätten, wenn wir sie von außerhalb der Erdatmosphäre betrachten könnten. Dafür haben sie mit dem Computer simuliert, wie Sterne ihr Licht abgeben. Nicht in der vereinfachten Version nach dem Planckschen Strahlungsgesetz, sondern möglichst realistisch, also mit Spektrallinien und für alle möglichen Temperaturen und Sterngrößen. Diese Daten haben sie dann mit der Empfindlichkeit der Zapfen in unseren Augen abgeglichen und am Ende für jede Sternart eine entsprechende Farbe erhalten. Das Resultat zeigt, dass zum Beispiel Rote Zwergsterne für unsere Augen gar nicht rot erscheinen würden, sondern eher ein bisschen orange. Ein relevanter Teil des roten Lichts wird durch die äußeren Schichten ihrer Atmosphäre gefiltert; ein Effekt, der sich mit dem Planckschen Gesetz für die Strahlung Schwarzer Körper alleine nicht abbilden lässt. Unsere Sonne hat nach ihren Berechnungen einen leicht rötlichen Touch, ist aber auch bei dieser Betrachtung der Angelegenheit definitiv nicht gelb.

Vielleicht fragt sich der eine oder die andere nach dieser langen Abhandlung über die Farbe der Sonne, wann jetzt endlich die Aliens ins Spiel kommen. Keine Sorge, die werden bald auftauchen. Oder auch nicht, denn genau das ist der Punkt, um den es geht. Wenn wir nicht darauf warten wollen, dass Außerirdische mit Science-Fiction-Raumschiffen wie in einem Hollywood-Film auf der Erde landen, dann müssen wir uns selbst auf die Suche machen. Und wenn diese Suche wissenschaftlich seriös ablaufen soll, dann müssen wir ganz genau verstehen, wie das Licht der Sterne zusammengesetzt ist. Denn das ist schließlich die einzige Möglichkeit, um zu verstehen, was sich da draußen im Weltall abspielt.

Wir kennen einen Planeten, auf dem es mit Sicherheit Leben gibt, und das ist die Erde. Wir wissen außerdem, dass dieses Leben direkt von der Sonne abhängig ist. Sieht man von einigen sehr extremen Mikroorganismen ab, braucht das Leben die Energie der Sonne. Wir Menschen können sie leider nicht direkt verwerten, um die biochemischen Prozesse in unseren Körpern anzutreiben. Aber wir können Pflanzen essen und die in ihnen gespeicherte Energie nutzen und ernähren uns dann zumindest indirekt vom Licht der Sonne. Pflanzen sind großartige biologische Maschinen, die das Sonnenlicht direkt in chemische Energie umwandeln können. Diesen enorm komplexen Prozess der Fotosynthese will ich gar nicht im Detail erklären. Für unsere Zwecke genügt es, zu wissen, dass die Pflanzen dazu in der Lage sind, weil sie entsprechende Farbstoffe in ihren Zellen besitzen, die Sonnenlicht aufnehmen und in chemische Energie umwandeln können. So wie die Zapfen in unseren Augen können diese Farbstoffe das aber nicht mit Licht beliebiger Farben tun. Es gibt unterschiedliche Typen, die Licht aus unterschiedlichen Wellenlängenbereichen verschieden gut umwandeln können. Auch diese Details sind komplex und variieren bei verschiedenen Lebewesen. Aber, und das ist der wichtige Punkt, es gibt einen Bereich, in dem Pflanzen nur sehr wenig Sonnenlicht aufnehmen. Dieser liegt bei Wellenlängen zwischen 500 und 600 Nanometern, also im grünen Bereich des sichtbaren Lichts – genau dort, wo die Sonne die meiste Energie abgibt.

Das erscheint seltsam. Warum ignorieren die Pflanzen, die doch auf das Sonnenlicht angewiesen sind, genau den Bereich, in dem sie am meisten Energie bekommen könnten? Die korrekte wissenschaftliche Antwort darauf lautet: Keine Ahnung! Aber natürlich gibt es Vermutungen. Vielleicht handelt es sich um eine Art Schutzmechanismus. Denn die Sonne scheint ja nicht wie die Lampe in einem Solarium immer mit derselben Intensität. Je nach Grad der Bewölkung gelangt mal weniger und mal mehr Licht auf die Erde, und die Schwankungen können durchaus kurzfristig aufeinanderfolgen. Dadurch könnten die Blätter der Pflanzen Schaden nehmen. Wenn sie den energiereichsten Teil des Sonnenlichts nun aber ignorieren, lassen sich diese Variationen der Intensität besser vertragen. Vielleicht steckt aber auch ein ganz anderer Grund dahinter, und möglicherweise ist es auch lediglich Zufall. Fest steht nur: Weil die Pflanzen den grünen Teil des Sonnenlichts nicht absorbieren, sondern reflektieren, sind sie (größtenteils) grün.

Diese Tatsache können wir sogar vom All aus beobachten, zum Beispiel indem wir Satelliten in eine Umlaufbahn um die Erde schicken und von dort aus auf unseren Planeten blicken. Aus den unterschiedlichen Farben der Landflächen und der Meere lassen sich jede Menge interessante und wichtige Informationen über die Biodiversität, das Wetter und das Klima gewinnen. Aber die Oberfläche von Planeten nach Leben abzuscannen ist für die Suche nach außerirdischem Leben keine große Hilfe. Wir wissen zwar, dass auch andere Sterne von Planeten umkreist werden, können diese Planeten aber selbst im günstigsten Fall durch unsere Teleskope nur als schwach leuchtende Punkte erkennen. Wir haben keine Chance, Details wahrzunehmen, und das lässt sich auch mit größeren Teleskopen nicht ändern. Die Distanzen zwischen den Sternen sind zu groß, und so ist die Astronomie ein weiteres Mal auf ihre Kreativität angewiesen und darauf, so viel Information wie möglich aus der Untersuchung des Lichts zu gewinnen.

Stellen wir uns vor, wir befinden uns irgendwo im Weltall, weit entfernt von unserem Sonnensystem. So weit, dass wir die Erde zwar noch sehen können, aber nur als winzigen Punkt. Von hier aus können wir nicht erkennen, ob es dort Ozeane gibt oder Kontinente oder Wälder oder Städte. Das Einzige, mit dem wir arbeiten können, ist ein bisschen Licht, das von der Erde kommend auf unsere Messinstrumente trifft. Wir wissen aber auch, dass die Erde dieses Licht nicht selbst erzeugt. Es ist das Licht der Sonne, das sie reflektiert, und wir haben mittlerweile sehr gut verstanden, wie dieses Licht zusammengesetzt ist. Wir wissen, wie viel grünes Licht die Sonne abgibt, wie viel rotes Licht, wie viel blaues Licht und so weiter. Wir haben also eine Erwartung, welche Art von Licht von der Sonne kommend auf unsere Instrumente trifft, und diese Erwartung können wir mit dem Licht vergleichen, das von der Erde reflektiert wird. Wäre sie einfach nur ein riesiger Spiegel, dann dürfte sich dieses Erdlicht nicht vom Sonnenlicht unterscheiden. Tatsächlich werden wir aber messen können, dass im von der Erde reflektierten Licht ein bisschen weniger blaues Licht vorhanden ist als erwartet. Außerdem werden wir auch weniger rotes Licht finden, als wir gedacht haben. Mit anderen Worten: Es fehlt genau der charakteristische Anteil des Sonnenlichts, den die Pflanzen für ihre Fotosynthese verwenden. Ohne auch nur ein einziges Detail auf der Erde gesehen zu haben, könnten wir allein aus der Zusammensetzung des von ihr reflektierten Sonnenlichts schließen, dass es dort höchstwahrscheinlich Leben geben muss.

Das ist zumindest die Theorie. In der Praxis funktioniert diese Art der Messung jedoch nur mithilfe von Satelliten in unmittelbarer Nähe zum fraglichen Planeten. Im Prinzip wäre es möglich, auf diese Art Leben auf den Planeten anderer Sterne nachzuweisen. Aber noch sind unsere Teleskope nicht gut genug, um ausreichend viele dieser Exoplaneten direkt zu beobachten. Bis jetzt konnten wir sie fast immer nur indirekt nachweisen, zum Beispiel, weil die Planeten durch ihre Gravitationskraft die Sterne ein wenig zum Wackeln bringen. Dann bewegen sie sich periodisch auf uns zu und von uns weg, und wie wir im Kapitel über die Farbe Rot gehört haben, führt das zu einer Rot- beziehungsweise Blauverschiebung in den Spektrallinien des Sternenlichts. Um aber das Vorhandensein von Fotosynthese treibenden Lebewesen auf solchen Planeten nachweisen zu können, reicht so eine indirekte Methode nicht aus. Wir brauchen Licht, das mit dem Planeten interagiert hat, und das ist nur schwer zu beobachten. Das sehr viel hellere Licht des Sterns überstrahlt die Planeten, und erst mit besseren und größeren Teleskopen werden wir eine Chance haben, solche Untersuchungen anzustellen.

Dabei suchen wir übrigens nicht nur nach Pflanzen, die den grünen Teil des Sternenlichts ignorieren. Wie gesagt wissen wir ja noch nicht einmal genau, warum sie das auf der Erde tun. Wenn es auf fremden Planeten außerirdische Bäume und Blumen geben sollte, verhalten die sich möglicherweise völlig anders (wir werden dazu noch mehr im Kapitel über die Farbe Violett hören). Aber es gibt noch mehr solcher »Biomarker«, die auf die Anwesenheit von Leben hinweisen. Wenn das Licht eines Sterns auf seinem Weg zu uns durch die Atmosphäre eines Planeten strahlt, dann bewirken die chemischen Elemente dort dasselbe, was sie auch im Licht des Sterns selbst tun: Sie erzeugen dunkle Linien, anhand derer sich nachweisen lässt, wie die Atmosphäre zusammengesetzt ist. Bei unserer Erde würden wir dort Linien finden, die auf die Anwesenheit von Sauerstoff hinweisen, was ein weiteres Zeichen für die Existenz von Leben ist. Sauerstoff ist ein Element, das sich sehr gerne mit anderen Elementen verbindet. Auf sich allein gestellt überlebt er daher nicht lange. Dass wir in der Atmosphäre der Erde dennoch eine relevante Menge an freiem Sauerstoff haben, liegt nur daran, dass es Lebewesen wie die Pflanzen gibt, die ihn bei ihrer Fotosynthese ständig nachliefern.

Die Astronomie kennt mittlerweile eine ganze Menge an Biomarkern, die auf die Existenz von Leben hinweisen. Für sich allein genommen ist keiner davon ein eindeutiger Beweis für das Vorhandensein von außerirdischem Leben. Aber sollten wir in Zukunft, mit unseren besseren Teleskopen, gleich mehrere davon im Licht des Planeten eines anderen Sterns nachweisen können, dann wäre das schon ein ziemlich deutliches Indiz dafür, dass wir nicht allein im Weltall sind.

Dass wir heute in der Lage und vielleicht sogar kurz davor sind, die Frage nach der Existenz von außerirdischem Leben zu beantworten, ist ziemlich beeindruckend. Jahrtausendelang war die Spekulation darüber der Philosophie, der Religion oder später der Science-Fiction vorbehalten. Aber seit wir verstanden haben, wie die Farben der Sterne entstehen und dass unsere Sonne kein gelber Stern, sondern ein Schwarzer Körper ist, der grünes Licht aussendet und trotzdem weiß leuchtet, seit wir verstanden haben, wie das Leben auf der Erde die unterschiedlichen Farben im Regenbogen des Sonnenlichts nutzen kann – seitdem haben wir auch eine reale Chance, außerirdisches Leben zu entdecken.

Vielleicht hat der eine oder die andere sich nun bei »außerirdischem Leben« keine Pflanzen vorgestellt, sondern Aliens in Raumschiffen, mit spitzen Ohren, Laserschwertern und Photonentorpedos. Wo sind die intelligenten Wesen aus der Föderation der Planeten und aus dem galaktischen Imperium? Wo sind die kleinen grünen Männchen? Keine Sorge, die werden wir im Kapitel über die Farbe Grün treffen. Vorerst beschäftigen wir uns mit dem, was sonst noch so aus dem Weltall auf die Erde kommt und dabei gelb leuchtet.

Wenn wir nachts zum Himmel schauen, dann bewegt sich dort auf den ersten Blick nicht viel. Die Lichter der Sterne stehen still, und auch wenn sich der ganze Himmel um uns herum zu drehen scheint, liegt das nur daran, dass es in Wahrheit die Erde ist, die sich in 24 Stunden einmal um ihre Achse dreht.* Wenn man aber ein bisschen wartet und den Himmel aufmerksam betrachtet, wird man vermutlich ziemlich bald das eine oder andere Objekt entdecken, das sich bewegt. Natürlich fliegen überall Flugzeuge herum, und auch Satelliten kann man in jeder klaren Nacht bei ihrem Flug um die Erde beobachten. Mit etwas Glück kann man jedoch auch einen Blick auf eine Sternschnuppe erhaschen. In den meisten Fällen sieht man dann ein kurzes helles Aufleuchten und eine dünne, weiß-gelblich leuchtende Lichtspur, die sich für einen Augenblick über den Himmel zieht. Manchmal dauert das Phänomen aber auch länger, ist deutlich heller und leuchtet in unterschiedlichen Farben. Die Sternschnuppe kann rot-orangefarben auflodern, grün, blau, violett und auch gelb aufleuchten. Das ist nicht nur ein schöner Anblick, sondern verleitet viele Menschen bekanntlich gern dazu, sich etwas zu wünschen. Das kann man natürlich gerne tun, man sollte jedoch nicht enttäuscht sein, wenn der Wunsch nicht in Erfüllung geht. Es sei denn, man hat sich gewünscht, die Entstehung des Sonnensystems und der Planeten besser zu

* Exakt sind es übrigens 23 Stunden, 56 Minuten und 4,1 Sekunden.

verstehen und mehr über die Vorgänge zu wissen, die vor Milliarden Jahren eine Entwicklung in Gang gesetzt haben, die es uns heute möglich macht, auf einem Planeten wie der Erde zu leben. Für solche Wünsche sind Sternschnuppen die geeigneten Adressaten, denn insbesondere ihr gelbes Leuchten hält die passenden Informationen bereit.

Dafür müssen wir aber nicht nur verstehen, worum es sich bei Sternschnuppen eigentlich handelt, sondern auch, warum sie in der Lage sind, in unterschiedlichen Farben zu leuchten. Das, was man landläufig als »Sternschnuppe« bezeichnet, wird in der Astronomie fachlich korrekt als »Meteor« bezeichnet. Ein Meteor ist allerdings kein physisches Objekt, sondern nur der Name für die Leuchterscheinung. Das, was das Leuchten verursacht, wird Meteoroid genannt. Das klingt verwirrend (und es wird noch verwirrender, wenn später noch die Meteoriten dazukommen), und man würde sich wünschen, die Astronomie hätte sich Bezeichnungen ausgedacht, die man nicht so leicht verwechseln kann. Aber dass Sternschnuppen uns keine Wünsche erfüllen, haben wir ja schon festgestellt, und deswegen fangen wir mit den Meteoroiden an. Im Sonnensystem gibt es nicht nur die Sonne, die acht großen Planeten mit ihren Hunderten Monden und eine Vielzahl an Kometen und Asteroiden, sondern dazwischen auch jede Menge Kleinkram. Dazu zählt alles von einzelnen Atomen und Molekülen, die durch den interplanetaren Raum sausen, über Staubkörner und kleine Felsbrocken, die nur ein paar Millimeter oder Zentimeter groß sind, bis hin zu größeren Objekten mit einigen Metern Durchmesser. Wir werden uns später noch damit beschäftigen, wo all dieses Material herkommt und warum im eigentlich leeren All zwischen den Planeten so eine Unordnung herrscht. Vorerst aber halten wir fest, dass dieses ganze Zeug der Erde bei ihrem Lauf um die Sonne immer wieder in die Quere kommt. Es ist ein bisschen so wie bei einer langen Autofahrt, nach der die Windschutzscheibe mit zerquetschten Insekten gepflastert ist. Nur dass man die Erde nicht regelmäßig an der Tankstelle reinigen muss, da sie selbst dafür sorgt, dass der kosmische Dreck verschwindet, und uns dabei noch eine ordentliche Lichtshow bietet.

Stellen wir uns so ein typisches kosmisches Staubkörnchen vor. Es hat einen Durchmesser von fünf Millimetern, eine Masse von circa einem Gramm und befindet sich genau in der Umlaufbahn der Erde. Je nachdem, ob es frontal mit der Erde kollidiert oder es sich quasi um einen »Auffahrunfall« handelt, und je nachdem, unter welchem Winkel der Zusammenstoß stattfindet, werden Erde und Staubkorn mit unterschiedlicher Geschwindigkeit aufeinandertreffen. So oder so wird es aber ein Hochgeschwindigkeitsunfall werden, der mit mindestens 11 Kilometern pro Sekunde stattfindet; die Kollisionsgeschwindigkeit kann aber auch gut 70 Kilometer pro Sekunde betragen. Das Staubkorn rast also mit enormem Tempo auf die Erde zu und trifft ungefähr 100 Kilometer über dem Erdboden auf die äußersten Schichten der Erdatmosphäre. Durch die hohe Geschwindigkeit hat die Luft quasi keine Möglichkeit, rechtzeitig auszuweichen. Deswegen wird das Staubkorn einerseits stark abgebremst. Andererseits heizt es sich durch die Reibung an den Molekülen der Luft auch sehr schnell sehr stark auf. Seine äußeren Schichten verdampfen, dann auch das Material darunter, bis irgendwann das ganze Staubkorn verschwunden ist. In diesen letzten Sekundenbruchteilen seiner Existenz leuchtet es jedoch so hell auf, dass man es auch vom Erdboden aus noch sehen kann. Das, was wir da beobachten können und dann als »Sternschnuppe« bezeichnen, ist allerdings nicht das Verglühen des Objekts selbst. Ein Staubkorn, das nur ein paar Millimeter groß ist und 100 Kilometer über unseren Köpfen verbrennt, wäre für uns unsichtbar. Wir sehen das, was beim rasanten Flug durch die Atmosphäre passiert: Die Reibung des Staubkorns mit der Luft hat auch Auswirkungen auf die Moleküle, aus denen die Luft besteht. Oder genauer gesagt auf die Elektronen, die die Hülle der Atome bilden, aus denen die Luft unserer Atmosphäre besteht. Ein Teil dieser Elektronen wird von den Atomen regelrecht abgerissen, und die Sternschnuppe hinterlässt eine Spur aus Atomen, denen ein paar Elektronen fehlen. Diese Lücke wird jedoch schnell mit anderen herumsausenden Elektronen aus der Umgebung aufgefüllt – und wenn sich die neuen Elektronen an ihre Atome binden, wird dabei Strahlung freigesetzt.

Das ist das Leuchten, das wir vom Erdboden aus sehen können. Und weil es tatsächlich nicht das kosmische Staubkorn selbst ist, das leuchtet, sondern die Luftmoleküle, die durch seinen rasanten Flug durch die Atmosphäre dazu angeregt werden, ist es durchaus angebracht, diese Leuchterscheinung mit einem eigenen Wort – nämlich »Meteor« – zu bezeichnen und das Objekt, das das Leuchten auslöst, als »Meteoroid«.*

Was aber hat eine Sternschnuppe mit der Entstehung des Sonnensystems zu tun? Wieso kann uns dieses kurze Leuchten am nächtlichen Himmel etwas über die Vorgänge verraten, die vor Milliarden Jahren zur Bildung der Planeten geführt haben? Wenn wir das verstehen wollen, müssen wir einen genaueren

* In Wahrheit war das Wort »Meteor« schon lange in Gebrauch, bevor wir auch nur eine Ahnung von diesen Vorgängen hatten. Es stammt aus dem Altgriechischen, bedeutet so viel wie »in der Luft schwebend« und bezeichnete ursprünglich alle irgendwie interessanten Erscheinungen am Himmel. Auch die Wissenschaft der Meteorologie hat ihren Namen von diesem Begriff.

Blick auf das werfen, was wir im Kapitel über die Farbe Rot nur oberflächlich betrachtet haben. Dort habe ich erklärt, dass die von Joseph Fraunhofer entdeckten dunklen Linien im bunten Regenbogen des Sonnenlichts entstehen, weil unterschiedliche Atome ganz charakteristische Bereiche der Strahlung blockieren. Und das ist zwar nicht falsch, es ist aber noch nicht das ganze Bild. Die Fraunhoferschen Linien sind nicht wirklich der »Schatten«, den die Atome werfen, weil sie sich dem Sonnenlicht in den Weg stellen. Die Wahrheit ist ein wenig komplexer, aber dafür liefert sie uns auch einen Weg, noch mehr Informationen aus den Farben des Lichts zu ziehen.

Das Wissen über die Entstehung des Sonnensystems liegt im Aufbau der Atome selbst verborgen. Stellen wir uns jetzt also ein solches Atom vor. Für dieses Gedankenexperiment macht es auch nichts aus, dass Atome eigentlich nicht die kleinen Kugeln sind, an die wir automatisch denken, wenn wir dieses Wort hören. Atome und die Elementarteilchen, aus denen sie bestehen, sind Objekte aus der Welt der Quantenmechanik, die sich unserer Vorstellung vollkommen entziehen. Wir können sie zwar sehr gut mathematisch beschreiben, aber das, was da mathematisch beschrieben wird, hat kein Gegenstück in der bildlichen Welt unserer Anschauung. Trotzdem hilft es, sich die Atome als kleine Kugeln zu denken, solange uns immer bewusst ist, dass es sich dabei nur um ein Hilfsmittel handelt und nicht um die Realität.

Also: Ein Atom besteht aus einer Kugel im Zentrum, dem Atomkern, der aus elektrisch positiv geladenen Teilchen besteht, die Protonen heißen, und elektrisch neutralen Teilchen, den Neutronen. Die Anzahl der Protonen im Kern bestimmt, um welches chemische Element es sich handelt, und mehr müssen wir vorerst über den Atomkern gar nicht wissen. Für die

Farben der Sternschnuppen sind die elektrisch negativ geladenen Elektronen verantwortlich, die die Hülle um den Atomkern herum bilden. Für jedes chemische Element ist die Anzahl der Protonen im Kern vorgegeben. Sauerstoff hat immer sechs Protonen, und wenn es mehr oder weniger sind, ist es irgendetwas anderes, aber kein Sauerstoff. Ein Eisenatom dagegen muss 26 Protonen im Kern haben, um Eisen zu sein. Und üblicherweise entspricht die Zahl der Protonen auch der Anzahl der Elektronen in der Hülle. Im Gegensatz zu den Protonen und Neutronen im Kern hat ein Elektron deutlich mehr Freiheiten. Wir haben schon gesehen, dass ein Atom Elektronen aus seiner Hülle verlieren und später wieder einsammeln kann. Aber auch die Elektronen, die Teil eines Atoms sind, können unterschiedliche Zustände einnehmen. Wenn wir uns Elektronen in einem Atom vorstellen, dann denken wir uns meistens kleine Kugeln, die eine große Kugel wie Planeten auf ihrer Umlaufbahn um die Sonne umkreisen (sofern wir uns Elektronen überhaupt vorstellen, was vermutlich die wenigsten Menschen regelmäßig tun). Diese Vorstellung ist – wenig überraschend – falsch, aber sie ist dennoch hilfreich. Jede Bahn eines Elektrons um den Kern herum entspricht einer gewissen Energie. Gewinnt oder verliert es an Energie, nimmt es eine andere Bahn beziehungsweise einen anderen Zustand ein. Ein Elektron hat dabei viele Möglichkeiten, aber nicht beliebig viele. Es kann nicht willkürlich von einer Bahn zur anderen wechseln, und nicht jede Bahn ist erlaubt. Man kann sich das wie in einem Kinosaal vorstellen. Dort kann man auch nicht einfach irgendwo sitzen, wo man gerade Lust hat, sondern nur dort, wo entsprechend nummerierte Sitze bereitstehen.

Im letzten Kapitel haben wir Max Planck und seinen Geistesblitz der quantisierten Energie kennengelernt. Genau das ist auch der Grund für die eingeschränkte Freiheit der Elektronen. Wenn sie von einem Zustand in einen anderen wechseln wollen, brauchen sie dafür Energie (oder müssen Energie abgeben). Es muss aber genau die richtige Menge an Energie sein. Man kann ein Elektron nicht mit beliebigen Mengen an Energie füttern, um es Stück für Stück von einer Umlaufbahn in eine andere zu schubsen. Es wechselt seinen Zustand nur, wenn es exakt die Menge an Energie bekommt (oder verliert), die dem energetischen Unterschied zwischen den beiden Zuständen entspricht.

Das klingt alles sehr technisch und weit entfernt von den schönen Sternschnuppen und den bunten Farben. Aber die Elektronen und ihre Zustände sind genau der Grund, warum Sternschnuppen in unterschiedlichen Farben leuchten können. Schauen wir uns dazu einfach mal das simpelste Atom an, das es gibt: Wasserstoff hat einen Atomkern, der aus einem Proton besteht, und drum herum kreist ein einziges Elektron. Sofern nichts Besonderes passiert, befindet sich dieses Elektron in seinem Grundzustand. Das ist der Zustand, in dem es am wenigsten Energie hat, und der Zustand, in dem es sich am liebsten befindet. Wäre das Elektron ein Mensch, dann wäre der Grundzustand die Couch vor dem Fernseher mit einer Schüssel Chips dazu. Will man das Elektron (oder auch den Menschen) dazu bringen, den Grundzustand zu verlassen, muss man ihm Energie liefern. Und zwar exakt 10,199 Elektronenvolt, was eine sehr winzige Menge an Energie ist.* Selbst ein Krümel Chips hätte sehr, sehr viel mehr Kalorien, als diese 10,199 Elektronenvolt lie-

* »Elektronenvolt (eV)« ist eine Energieeinheit, die in der Atomphysik üblich ist. 1 eV entspricht der Bewegungsenergie, die ein Elektron gewinnt, wenn es durch eine Spannung von 1 Volt beschleunigt wird. Würde man eV in Kilokalorien umrechnen, dann stecken in 100 Gramm Schokolade beispielsweise 10 Quadrillionen Elektronenvolt.

fern können. Einen Menschen holt das definitiv nicht von der Couch, aber für das Elektron in einem Wasserstoffatom ist das eine ordentliche Menge. Es ist vor allem exakt die Menge, die es braucht, um in den sogenannten »ersten angeregten Zustand« zu wechseln. Früher oder später wird es jedoch wieder in den energetisch günstigen Grundzustand zurückwechseln. Dafür muss es die 10,199 Elektronenvolt aber zuerst wieder loswerden, was das Elektron tut, indem es ein bisschen Strahlung mit genau dieser Energie abgibt. In diesem Fall wäre das Licht mit einer Wellenlänge von exakt 121,567 Nanometern, was leider außerhalb dessen liegt, was unsere Augen sehen können – es handelt sich um ultraviolette Strahlung. Wenn wir also irgendwo Strahlung mit genau dieser Wellenlänge sehen, dann wissen wir, dass sich irgendwo das Elektron eines Wasserstoffatoms gerade wieder entspannt zurück auf die Couch gelegt hat. Beziehungsweise sehen wir die Strahlung nur dann, wenn sehr viele Elektronen in sehr vielen Wasserstoffatomen das gleichzeitig tun. Aber glücklicherweise ist Wasserstoff im Universum das bei Weitem häufigste Element, sodass wir die von ihm verursachte Strahlung tatsächlich beobachten können – aber das werden wir im Kapitel über die unsichtbaren Farben genauer betrachten.

Man könnte dem Elektron auch 12,087 Elektronenvolt zustecken, dann würde es vom Grundzustand direkt in den zweiten angeregten Zustand wechseln. Oder 12,749 Elektronenvolt, um es in den dritten Zustand zu heben. Und so weiter: Ein Elektron kann viele erlaubte Zustände einnehmen, aber eben nur diese, und für jeden Zustand gibt es eine passende Energie. Wenn sie nicht passt, dann wird die Energie einfach ignoriert, und das Elektron bleibt, wo es ist.

Ich habe bis jetzt viel von Energie gesprochen. Entscheidend ist nun: Wenn es um Strahlung geht, dann entspricht eine bestimmte Energie immer einer konkreten Wellenlänge – und damit einer ganz bestimmten Farbe. Damit können wir jetzt nicht nur verstehen, wie das mit den Fraunhoferschen Linien wirklich funktioniert, sondern auch, warum Sternschnuppen in bunten Farben leuchten können.

Stellen wir uns vor, was mit dem Licht passiert, das im Inneren der Sonne durch die Kernfusion freigesetzt wird und sich dann auf den Weg hinaus in das Weltall macht. Wir wissen, dass Sonnenlicht weiß ist, also eine Mischung aus allen Farben und damit auch allen Energien. In den äußeren, dünneren Gasschichten der Sonne trifft diese Lichtmischung auf die diversen chemischen Elemente, aus denen unser Stern besteht. Das sind hauptsächlich Wasserstoff und Helium, aber es sind auch noch viele andere Elemente dabei. All diese Elemente haben Elektronen, die alle möglichen Zustände einnehmen können. Sobald Licht mit der passenden Energie auf sie trifft, ändern sie ihren Zustand entsprechend. Nachdem sie auf diese Weise angeregt worden sind, fallen sie aber bald in ihren ursprünglichen Zustand zurück und geben dabei die zuvor aufgenommene Energie wieder in Form der entsprechenden Strahlung ab. Aber, und das ist der wichtige Punkt: Sie scheren sich dabei nicht um die Richtung, in der sie diese Strahlung aussenden. Während das Sonnenlicht also von innen nach außen will, absorbieren die Elektronen ihre jeweils charakteristischen Anteile, um sich auf höhere Energieniveaus heben zu lassen. Wenn sie die Energie dann wieder loswerden, strahlen sie einen kleinen Teil davon wieder gen Sonnenoberfläche und Weltall ab. Der Rest verzieht sich in alle möglichen anderen Richtungen – und deswegen sehen wir auf der Erde eine dunkle Linie genau bei den Farben, also genau den Energien, die in der Lage sind, die Zustände von Elektronen zu ändern. Diese dunklen Linien nennt man Absorptionslinien. Ihr Gegenstück sind die Emissionslinien, und sie sind die Ursache für das Leuchten der Sternschnuppen.

Hier läuft die Sache ähnlich, aber mit einem entscheidenden Unterschied. Das kosmische Staubkorn saust mit enormer Geschwindigkeit durch die Atmosphäre. Die Energie, die in dieser Bewegung steckt, wird auf die Elektronen der Atome in der Luft übertragen und bringt sie jetzt nicht dazu, angeregte Zustände einzunehmen, sondern das Atom komplett zu verlassen. Wenn ein Elektron auf diese Weise verloren geht, ist das Atom »ionisiert« worden, und das kann auch mehr als einmal passieren. Ein Sauerstoffatom hat sechs Elektronen und kann davon eins, zwei, drei, vier, fünf oder alle verlieren. Ein Eisenatom mit seinen 26 Elektronen kann bis zu 26-fach ionisiert werden. Und so wie beim Wechsel zwischen den Zuständen der an den Atomkern gebundenen Elektronen gibt es auch hier genau festgelegte Ionisierungsenergien. Erst wenn sie überschritten werden, verlässt das Elektron das Atom. Und wenn sich danach ein freies Elektron an einen Atomkern bindet, gibt es exakt diese Menge an Energie in Form von Strahlung wieder ab.

Nachdem der Meteoroid aus dem Weltall also die Luft entlang seiner Flugbahn ionisiert hat, holen sich die Atome die verlorenen Elektronen wieder zurück. Und je nachdem, um welche Atome es sich dabei handelt, wird dabei unterschiedlich viel Energie freigesetzt, oder anders gesagt: Es entsteht Licht mit unterschiedlichen Farben. Die dabei beteiligten Atome sind einerseits die, die sich in der Luft finden, also zum Beispiel Sauerstoff oder Stickstoff. Aber auch die chemischen Elemente, aus denen das Staubkorn selbst besteht und die beim rasanten Ritt durch die Atmosphäre verdampfen. Das Leuchten der Sternschnuppen verrät uns also, woraus die Objekte bestanden, die da über unseren Köpfen verglüht sind. Die Farben des Lichts der sich neu konfigurierenden Elektronen erlauben uns einen Blick in die Vergangenheit unseres Sonnensystems.

Wenn ein großer Meteoroid mit einem Durchmesser von einigen Dutzend Millimetern hoch am Himmel verglüht, sehen wir keine simple Sternschnuppe, sondern einen regelrechten »Feuerball«, der rötlich lodert. Diese Farbe stammt vor allem von den Sauerstoff- und Stickstoffatomen der Luft. Manchmal kann man aber auch ein grünes Leuchten sehen, das von Magnesiumatomen des Meteoroiden selbst erzeugt wird. Calcium sorgt für einen violetten Farbton, und wenn der Feuerball gelb leuchtet, wissen wir, dass er auch Eisen und Natrium enthalten hat.

Aus diesem Farbenspiel können wir einige Dinge ableiten. Zuerst einmal erscheint es vielleicht überraschend, dass wir all diese Elemente (und noch viel mehr) in den winzigen Objekten finden, die vom Himmel auf die Erde fallen. Wie kommen diese kleinen Staubkörnchen zu einer solchen Vielfalt an chemischen Elementen? Bei einem großen Planeten wie der Erde mag das nicht verwundern, aber wie hat es das Staubkorn aus dem Weltall geschafft, all diese unterschiedlichen Atomsorten einzusammeln? Die Antwort ist einfach: Es musste gar nichts einsammeln. Die Elemente waren von Anfang an da, zumindest, wenn man mit »Anfang« die Zeit vor 4,5 Milliarden Jahren meint, als das Sonnensystem gerade im Entstehen begriffen war. Die Details dieses Vorgangs sind naturgemäß sehr komplex, aber es reicht vorerst, zu wissen, dass unser Stern, genau wie seine Planeten, aus einer riesigen kosmischen Wolke voller Gas und Staub entstanden ist. Sie bestand vor allem aus Wasserstoff und Helium, den Atomen, die von allen am einfachsten aufgebaut und die deswegen schon unmittelbar nach dem Urknall entstanden sind. Im Laufe der Zeit sind durch die Kernfusion in den Sternen und durch Sternexplosionen jede Menge neue Elemente entstanden, durchs All geschleudert worden und haben sich in den großen Wolken aus Wasserstoff und Helium angesammelt.

Die Vielfalt der chemischen Elemente war also schon vorhanden, bevor sich aus dieser Wolke zuerst die Sonne und dann aus den dabei übrig gebliebenen Resten die Planeten gebildet haben. Die kosmischen Staubkörnchen sind miteinander kollidiert und zu größeren Brocken angewachsen, die weiter miteinander verschmolzen sind, um am Ende die Planeten zu bilden. Dieser Prozess hat dazu geführt, dass die Vielfalt der Elemente auf der Erde in gewisser Weise sogar gesunken ist. Zumindest wenn man »auf der Erde« wörtlich versteht und sich nur auf die Erdoberfläche beziehungsweise die nur ein paar Dutzend Kilometer dicke Erdkruste bezieht.

Wenn aus kleinen kosmischen Staubkörnern durch Kollisionen zuerst kilometergroße Brocken und dann ausgewachsene Planeten entstehen, dann darf man sich das durchaus als einen aggressiven Vorgang vorstellen. Wenn all diese Objekte mit enormen Geschwindigkeiten aufeinanderprallen, wird jede Menge Energie freigesetzt, und die in Entstehung begriffenen Planeten heizen sich auf. Einige der Elemente, die in der ursprünglichen Wolke vorhanden waren, waren außerdem radioaktiv. Sie zerfallen also von selbst, wandeln sich in andere Elemente um und geben dabei Energie ab, die ebenfalls zur Aufheizung der Himmelskörper beiträgt. Ab einer gewissen Größe haben die jungen Planeten genug Wärme aus den Kollisionen abbekommen und zudem ausreichend viele radioaktive Elemente angesammelt, um auch in Zukunft dauerhaft aufgewärmt zu werden. Dann beginnen sie, sich zu differenzieren. Das bedeutet: Die ursprünglich gleichmäßige Mischung der Elemente verändert sich. Schwere Elemente wie zum Beispiel Eisen, Nickel oder die radioaktiven Materialien sinken in die Mitte des Planeten, leichteres Material, wie das aus Silicium oder Sauerstoff bestehende Gestein, bleibt weiter außen. Deswegen hat die Erde heute einen Kern, der im Wesentlichen aus Eisen und Nickel besteht, in Form einer Kugel von 7000 Kilometern Durchmesser (was übrigens größer als der Mond ist). Drum herum befinden sich Erdmantel und Erdkruste, die aus leichterem Gestein gebildet sind. Die Menge an Eisen, die wir in der Erdkruste finden können, ist deutlich geringer als das, was man angesichts der gesamten Eisenmenge der Erde erwarten könnte.

Bei den Meteoroiden, die die Sternschnuppen verursachen, ist das nicht so. Sie sind das, was vom ursprünglichen Baumaterial des Sonnensystems heute noch übrig ist. Unser Planetensystem ist quasi eine schlecht aufgeräumte Baustelle, wo der Dreck von vor 4,5 Milliarden Jahren noch immer herumliegt. Dazu gehören nicht nur die kleinen Staubkörner, sondern auch die Asteroiden und Kometen. Das sind die Brocken, die zwar ein wenig angewachsen sind, aber aus diversen Gründen nie größer geworden sind. Deswegen sind sie auch nicht differenziert. Es ist egal, ob man Stücke von ihrer Oberfläche betrachtet oder aus tieferen Schichten: Überall wird man mehr oder weniger dieselbe Mischung an chemischen Elementen finden. Das gilt für große Asteroiden ebenso wie für die kleinen Staubkörner, die als Sternschnuppen verglühen. In ihnen finden wir das ursprüngliche Material, aus dem die Sonne und die Planeten entstanden sind; es hat sich seit Milliarden von Jahren so gut wie nicht verändert. Deswegen können Meteore in so vielen verschiedenen Farben leuchten. Und deswegen sind wir auch in der Lage, tief in die Vergangenheit zu blicken, um herauszufinden, was damals passiert ist.

Wie dramatisch die Vorgänge während der Entstehung der Planeten gewesen sein müssen, zeigt uns – vielleicht wenig überraschend angesichts der Kapitelüberschrift – das gelbe Licht. Ich habe vorhin bereits erwähnt, dass dafür unter anderem die Anwesenheit von Eisen verantwortlich ist. Wenn die Elektronen in der Hülle der Eisenatome auf die richtige Weise angeregt werden, können sie gelbes Licht abgeben. Je intensiver dieses bei einem Meteor ist, desto mehr Eisen muss er enthalten. Wir konnten sogar schon Himmelsobjekte von der Erde auflesen, die fast komplett aus Eisen bestanden. Zu Beginn dieses Abschnitts habe ich schon angekündigt, dass sich zu den Meteoren und Meteoroiden auch noch die Meteoriten gesellen werden. So nennt man die Objekte, die aus dem Weltall auf die Erde fallen und ausreichend groß oder fest sind, dass sie nicht komplett in der Atmosphäre verglühen. Ein Teil von ihnen erreicht den Erdboden, und wenn wir ein solches Objekt finden, wird es als »Meteorit« bezeichnet. Wir haben im Laufe der Zeit jede Menge davon gefunden, und die meisten von ihnen bestehen aus einer Mischung aus Gestein und Metall. Es ist allerdings nicht dieselbe Mischung, aus der das Gestein der Erde besteht. Die Meteoriten enthalten deutlich mehr Eisen und Nickel, eben weil es sich um undifferenziertes Material handelt und nicht, wie bei den Steinen von der Erde, um Objekte, die aus der metallarmen Erdkruste entstanden sind. Bei manchen der Meteoriten handelt es sich jedoch um Brocken aus fast reinem Eisen und Nickel, und das ist ungewöhnlich. Denn es ist genauso unwahrscheinlich, dass ein Überbleibsel aus der Entstehungszeit der Planeten aus reinem Gestein besteht, wie dass man es mit einem Klumpen aus purem Metall zu tun bekommt. »Undifferenziert« bedeutet ja gerade, dass es sich um eine Mischung aus allen Elementen der ursprünglichen kosmischen Wolke handeln muss.

Die Geschichte der Eisenmeteoriten muss also eine andere sein als die der anderen Asteroiden und Meteoroiden. Es ist eine Geschichte mit Rückschlägen, mit Kollisionen und ganz allgemein sehr viel chaotischer Gewalt. Die Eisenmeteoriten sind das, was von Planeten übrig geblieben ist, die gerade im Entstehen begriffen waren, aber dann doch noch zerstört wurden. Denn die Formierung der Planeten folgte weder einem Plan, noch ist sie geordnet abgelaufen. Es scheint uns heute selbstverständlich, dass die Sonne von acht Planeten umkreist wird. Aber es hätten genauso gut mehr oder weniger sein können. Merkur, Venus, Erde, Mars, Jupiter, Saturn, Uranus und Neptun sind die zufälligen Sieger in einem Crash-Rennen, das ein paar Hundert Millionen Jahre gedauert hat. Als sich die ersten großen Brocken aus der ursprünglichen Scheibe voll Gas und Staub bildeten, waren das sehr viel mehr als nur acht Stück. Es muss Dutzende oder sogar Hunderte sogenannter »Protoplaneten« in unterschiedlichen Größen gegeben haben. Sie sind einander ständig in die Quere gekommen und miteinander kollidiert. Manche dieser Zusammenstöße liefen gerade so ab, dass am Ende zwei kleinere Brocken zu einem größeren verschmelzen konnten. Andere dagegen führten dazu, dass einer oder auch beide Kollisionspartner zertrümmert wurden. Dieses Schicksal konnte kleine Objekte genauso treffen wie solche, deren Entwicklung zu einem fertigen Planeten schon weit fortgeschritten war. Es wurden also damals auch Himmelskörper zerstört, die schon dabei waren, sich zu differenzieren, die also einen Kern aus Eisen besaßen. Die Trümmer dieses Metalls, das ehemals tief im Inneren von jungen Planeten gesteckt hat, fliegen heute noch durchs Sonnensystem und fallen dabei manchmal auch auf die Erde. Anhand dieser Trümmer können wir erforschen, was zur Zeit dieser heute nicht mehr existierenden Planeten im

Sonnensystem geschehen sein muss. Gleichzeitig können sie uns daran erinnern, welches Glück wir haben, dass bei all dem Chaos am Ende ein Planet wie die Erde übrig geblieben ist, auf dem Leben nicht nur möglich, sondern auch tatsächlich entstanden ist und sich heute an den Farben der Sternschnuppen erfreuen kann.

Das wäre eigentlich ein schöner Schlusssatz für das Kapitel. Aber wenn wir über das Leben auf der Erde und den Anfang des Sonnensystems reden, dann dürfen wir das Ende nicht ignorieren. Schon gar nicht, wenn es ohnehin gerade um Asteroiden und Kollisionen geht. Denn so schön eine Sternschnuppe am Himmel auch aussehen mag, so ist sie am Ende doch auch eine Mahnung, dass wir einem ständigen Bombardement aus dem Weltall ausgesetzt sind. Das meiste, was auf die Erde trifft, ist Kleinkram, der tatsächlich nur hübsch leuchtet (oder meist noch nicht einmal das) und ansonsten von uns unbemerkt auf den Boden herabrieselt. Aber ab und zu kommen uns auch große Brocken nah, und dass die durchaus eine Gefahr sein können, muss nicht extra erwähnt werden. Hollywood hat das apokalyptische Potenzial von Asteroideneinschlägen in unzähligen Filmen optisch eindrucksvoll und wissenschaftlich mangelhaft bebildert.* Dass solche Kollisionen in der Geschichte des Sonnensystems leider tatsächlich ganz normale Vorgänge sind, belegen nicht nur die vielen Krater, von denen die Erde überzogen ist, sondern auch Objekte, die nicht nur ästhetisch ansprechend, sondern wieder einmal auch sehr gelb sind.

In den naturhistorischen Museen dieser Welt findet sich eine eindrucksvolle Sammlung von Meteoriten aller Art. Neben den

* Eine etwas exaktere Darstellung des Themas kann man in meinem Buch »Asteroid Now« (Hanser 2015) nachlesen.

eher unscheinbaren Steinmeteoriten gibt es die oft bizarr geformten Eisenmeteoriten und zudem immer wieder auch richtig spektakuläre Stücke. Man kann darüber streiten, welche Meteoriten die schönsten sind, aber die meisten Forscherinnen und Forscher, die sich mit solchen Fragen beschäftigen, wären sich vermutlich einig, dass es die Pallasite sein müssen.

Schneidet man einen solchen Pallasit auf und poliert die Schnittfläche, sieht man nicht einfach nur eine graue Fläche aus Stein oder Metall. In die dunkle Struktur aus Eisen und Nickel sind gelblich leuchtende Kristalle eingebettet, die im richtigen Licht wie dunkler Honig schimmern. Es handelt sich dabei um Kristalle aus dem Mineral Olivin, und die Wissenschaft war sich lange nicht einig darüber, wie diese seltsame Mischung im Inneren der Pallasite zustande kommt.* Ursprünglich ging man davon aus, dass es sich – wie bei den reinen Eisenmeteoriten – um Trümmer aus zerstörten Protoplaneten handelt. Um die mineralischen Einschlüsse im Eisen der Pallasite zu erklären, müssten es in diesem Fall aber Bruchstücke aus der Grenzschicht sein, wo der gesteinshaltige Mantel des jungen Planeten auf den metallischen Kern trifft. Eine Forschungsarbeit aus dem Jahr 2020 legt allerdings einen anderen Ursprung nahe, der fast noch spektakulärer ist. Ein Forschungsteam unter Leitung von Nicolas Walte von der Technischen Universität München hat Experimente mit Hochdruckpressen und enormen Temperaturen durchgeführt, um Kollisionen und andere Prozesse im frühen Sonnensystem zu simulieren. Folgt man den Ergebnissen dieser Arbeit, kann man sich die Entstehung der Pallasite so vorstellen:

* Der Name »Pallasit« hat übrigens nichts mit dem real existierenden Asteroiden »Pallas« zu tun, sondern bezieht sich auf den deutschen Forscher Peter Simon Pallas, der den ersten Meteoriten dieser Art Ende des 18. Jahrhunderts beschrieben hat.

Vor 4,5 Milliarden Jahren existiert im Sonnensystem ein junger, noch unfertiger Planet, einer unter vielen ebenfalls jungen und unfertigen Exemplaren. Er ist nur ein paar Hundert Kilometer groß, hat aber dennoch schon genug Masse und radioaktives Material angesammelt, um für ordentlich Hitze in seinem Inneren zu sorgen. Gerade hat er begonnen, sich zu differenzieren, den Prozess aber noch nicht abgeschlossen. In seinem Kern befindet sich schon jede Menge Eisen und Nickel, aber noch nicht alles davon ist nach innen gesunken. Auch im weiter außen liegenden Mantel findet sich noch Eisen, das sich dort mit Mineralien wie Olivin mischt. Normalerweise würde weiteres Wachstum des Planeten für ein Fortschreiten der Differenzierung sorgen, und am Ende würde sich die Mischung im Mantel zum Teil wieder auflösen. So weit kommt es bei diesem jungen Planeten aber nicht. Ein anderer unfertiger Planet kommt ihm in die Quere, ein bisschen kleiner vielleicht, aber immer noch ein paar bis ein paar Dutzend Kilometer groß. Auf jeden Fall groß genug, um selbst schon einen kleinen Kern aus Eisen zu besitzen, und groß genug, um bei der Kollision nicht nur einen Krater zu schlagen, sondern tief ins Innere des Planeten einzudringen, bis dorthin, wo die Grenze zwischen Kern und Mantel verläuft. Der geschmolzene Eisenkern des Eindringlings mischt sich mit dem olivinhaltigen Gestein, und zu dem Eisen, das vom Planeten selbst stammt, kommt nun auch noch Eisen des anderen Himmelskörpers dazu. Das Olivin wird zertrümmert, es bilden sich eckige Kristalle. Nach dem Einschlag kühlen die Trümmer schnell ab, und die Struktur erstarrt. Die kleineren Bruchstücke der Kollision können sich nicht mehr von selbst aufheizen; die Olivinkristalle stecken nun im Eisen fest. Der kleinere Protoplanet ist währenddessen vermutlich völlig zerstört worden. Der größere Planet ist auf jeden

Fall arg mitgenommen, er ist ganz oder teilweise aufgeschmolzen, seine Form und Struktur ändern sich. Er kann den Zusammenstoß allerdings überleben und die nächsten Jahrmilliarden als Asteroid verbringen, der nun eine Quelle für Pallasite darstellt. Jede weitere Kollision kann Bruchstücke lösen, von denen einige auf die Erde fallen, wo wir das faszinierende Leuchten ihrer gelben Kristalle bewundern und uns darüber freuen können, dass die Erde im Laufe der Geschichte zwar schon jede Menge aus dem Weltall abbekommen hat, wir Menschen aber immer noch da sind.

Und DAS ist nun das Ende dieses Kapitels.

ORANGE

Über die Farbe des Urknalls und Schwarze Löcher, die per Definition farblos sein müssen, die wir aber trotzdem gerne mit orangefarbenem Licht umrahmen. Über orange Sterne, die besser sind als gelbe. Über die Frage, was eigentlich eine Farbe ist und warum eine von ihnen heißt wie ein Stück Obst.

Orange ist eine komische Farbe. Nicht aus physikalischer Sicht, da ist es einfach nur Licht mit einer Wellenlänge, die ungefähr zwischen 600 und 640 Nanometern liegt. Aber es ist die einzige Spektralfarbe, die nach einem Stück Obst benannt ist. Denn tatsächlich stammt der Name dieser Farbe aus der altindischen Sprache Sanskrit, wo mit »naranga« der Orangenbaum bezeichnet wurde. Über das Arabische kam dieser Begriff nach Europa, wo in Italien »arancia« daraus wurde und in Frankreich »orange«, und dieses Wort hat es dann auch in das Englische und Deutsche geschafft. Die Farbe der Frucht ist irgendwann zum Synonym für ihre Farbe geworden. Das erste Mal, dass »Orange« in diesem Sinn schriftlich verwendet wurde, war im frühen 16. Jahrhundert. Was die Frage aufwirft: Wie hat man orangefarbene Dinge davor bezeichnet? Die gab es ja auch schon, bevor die Europäer Orangen aus Asien importiert haben. Die Antwort ist weniger spektakulär, als man sie sich vielleicht wünscht: Man hat einfach »gelbrot« oder »rotgelb« dazu gesagt.

Aus astronomischer Sicht kann man mit der Farbe Orange auf jeden Fall jede Menge anstellen, und übrigens auch mit der Frucht selbst. Die Orange ist ein klassisches Anschauungsobjekt, wenn es darum geht, die Größen der Himmelskörper abzubilden. Wenn die Erde zum Beispiel so groß wie eine Orange wäre (mit einem Durchmesser von zehn Zentimetern), dann wäre der Mond eine etwa drei Meter entfernte große Weintraube oder Kirsche. Die Sonne müsste man in einem Abstand von 1,2 Kilometern suchen, was aber nicht allzu mühsam wäre, weil sie in diesem Modell einen Durchmesser von etwa zehn Metern hätte und damit deutlich größer als jedes bekannte Stück Obst wäre. Ich könnte jetzt noch die Größen der anderen Planeten mit passenden Früchten vergleichen oder darauf hinweisen, dass sich der nächstgelegene Stern (Proxima Centauri, der in der Realität einen Abstand von knapp vier Lichtjahren hat) über 300 000 Kilometer entfernt von der Erdorange befindet. Aber so interessant solche Vergleiche auch sind, am Ende führen sie meistens nicht dazu, dass man ein besseres Gefühl für die Größenordnungen im Universum bekommt, sondern dazu, dass man von der schieren Größe der astronomischen Objekte überwältigt ist. Wir Menschen sind einfach nicht dafür gemacht, uns Planeten, Sterne oder Galaxien wirklich anschaulich vorstellen zu können. Sie sind einfach zu groß für unsere Köpfe. Und wenn das alles sowieso unvorstellbar für uns ist, dann können wir auch gleich aufs Ganze gehen und uns mit dem beschäftigen, was am größten und am wenigsten vorstellbar ist: dem Universum in seiner Gesamtheit! Größer geht es nicht, jeder Vergleich muss zwangsläufig scheitern, aber – und das ist das Faszinierende daran – wir sind trotzdem in der Lage, das gesamte Universum zu erforschen. Und darüber hinaus auch noch Fragen zu beantworten, die im ersten Moment ziemlich absurd klingen. Zum Beispiel: Welche Farbe hatte der Urknall?

Um eine Antwort darauf zu finden, müssen wir zuerst einmal klären, was mit der Frage genau gemeint ist. Den Urknall, also den Beginn des Universums selbst, stellen wir uns ja meistens wie eine große Explosion vor. Das ist natürlich Blödsinn, aber im Grunde ist alles, was wir uns zum Anfang von allem vorstellen, auf die eine oder andere Art Blödsinn, insofern ist es auch nicht tragisch, an eine Explosion zu denken. Wenn wir aber nur davon ausgehen, was wir tatsächlich wissen, dann können wir festhalten, dass der Urknall ein Ereignis war, das vor 13,8 Milliarden Jahren stattgefunden hat. Woher wir das wissen? Das zu beantworten wäre ein Thema für ein eigenes Buch. Aber einen Teil der Erklärung haben wir schon im Kapitel über die Farbe Rot kennengelernt: Alle Galaxien entfernen sich von allen anderen Galaxien; das gesamte Universum dehnt sich aus und muss deswegen früher kleiner gewesen sein, als es heute ist. Irgendwann muss sich die gesamte Materie also in einem einzigen Punkt zusammengedrängt haben. Das war vor den erwähnten 13,8 Milliarden Jahren, und nach aktuellem Kenntnisstand sind damals Raum und Zeit selbst entstanden. Was natürlich sofort die nächsten Fragen aufwirft: Wie genau ist das passiert? Warum ist es passiert? Und was war davor? Hier ist die Wissenschaft momentan (noch) einigermaßen ratlos. Kehren wir deswegen zur Farbe des Urknalls zurück, denn dazu lassen sich Aussagen treffen.

Lassen wir den Moment des Urknalls selbst für einen Augenblick außen vor (obwohl es damals natürlich kein »Außen« gab, in dem man diesen Moment hätte lassen können). Wir überspringen auch die ersten Sekundenbruchteile des frisch entstandenen Universums, wo aus der Energie des Urknalls selbst die erste Materie entstanden ist. Wir ignorieren die spektakuläre Inflationsphase, in der das Universum in unvorstellbar kurzer Zeit unvorstellbar viel größer geworden ist. Ebenso ignorieren wir den Umstand, dass es diese extrem rasante Expansion (aus

Gründen, die wir noch nicht verstehen) wieder eingestellt und in gemächlicherem Tempo fortgesetzt hat. Wir beginnen unsere Betrachtung zur Farbe des Universums ungefähr zehn Sekunden nach dem Urknall.

Zu diesem Moment ging gerade eine gewaltige Katastrophe zu Ende, bei der fast die gesamte Materie im Universum verschwunden ist. Die Teilchen, die in den ersten Sekunden des jungen Kosmos entstanden sind, waren das, was wir heute »normale« Materie nennen, aber auch »Antimaterie«. Auch wenn schlechte Science-Fiction uns anderes glauben lassen will, ist die an sich nicht sonderlich mysteriös oder gefährlich. Sie unterscheidet sich im Wesentlichen nicht von der normalen Materie, abgesehen davon, dass sie eine entgegengesetzte elektrische Ladung aufweist. Das führt dazu, dass sich Materie und Antimaterie bei Kontakt gegenseitig auslöschen können. Die Teilchen verschwinden dabei natürlich nicht komplett, aber sie werden in Energie umgewandelt. Nach allem, was wir bisher über die Vorgänge im sehr frühen Universum wissen, hätten Materie und Antimaterie damals in exakt gleich großen Mengen entstehen und sich danach vollständig auslöschen müssen. Das ist aber offensichtlich nicht passiert, denn ansonsten gäbe es heute weder Sterne noch Planeten und schon gar keine Menschen. Warum ein wenig Materie diese kosmische Apokalypse überstanden hat, ist eine Frage, auf die die Wissenschaft bis jetzt keine endgültige Antwort gefunden hat. Für die Farbe des Urknalls ist es jedoch viel wichtiger, zu wissen, dass die Energie, in die sich Materie und Antimaterie bei ihrem Kontakt umgewandelt haben, jetzt in Form von Photonen im Universum existiert. Circa zehn Sekunden nach dem Urknall, am Ende der großen Schlacht zwischen Materie und Antimaterie, gab es das erste Mal Licht im Kosmos. Erst jetzt ist die Grundlage dafür geschaffen, dass so etwas wie eine Farbe überhaupt existieren kann.

Stellen wir uns vor, wir könnten uns in dieses gerade erst entstandene Universum hineinbeamen. Vorausgesetzt, wir überleben das: Was würden wir dann sehen, und welche Farbe hätte es? Die Antwort lautet: Nichts, und vielleicht wäre es ein wenig bläulich.

Wir würden deswegen nichts sehen, weil das Universum zu diesem Zeitpunkt noch vollkommen opak war. Der etwas alltagstauglichere Begriff für diesen physikalischen Fachausdruck lautet: lichtundurchlässig. Denn das junge Universum hat zu diesem Zeitpunkt noch absolut nichts mit dem zu tun, was wir uns heute vorstellen, wenn wir ans Weltall denken. Es gab zwar Materie, aber diese Materie war absurd heiß und dicht gedrängt. Das Universum war klein, es war kein Platz für irgendwas, und es war vor allem kein Platz, damit sich das Licht ausbreiten konnte. Es gab noch keine Atome, wie wir sie heute kennen, sondern nur die Bausteine, aus denen später einmal Atome entstehen konnten, also die Protonen, Neutronen und Elektronen, von denen wir im letzten Kapitel gehört haben. All diese Teilchen hätten vermutlich nichts dagegen gehabt, Atomkerne zu bilden und Hüllen aus Elektronen drum herum zu bauen. Aber es war noch zu viel Energie im zu kleinen Universum, und es war zu heiß. »Hitze« bedeutet in diesem Zusammenhang vor allem, dass sich die Teilchen enorm schnell bewegten, und zwar so schnell, dass sie sich nicht aneinander binden konnten. Kurz gesagt: Das Universum wimmelte nur so von Teilchen, und das Licht hatte keine Chance, sich auszubreiten, weil es sofort von einem dieser Teilchen abgelenkt, absorbiert oder anderweitig behindert wurde.

Wir hätten damals buchstäblich die Hand vor unseren Augen nicht gesehen. Das Universum war dichter als der dichteste

Nebel, und dieser Nebel war so heiß, dass Hand und Auge sowieso in Sekundenbruchteilen verdunstet wären. Es gab nichts zu sehen, und rein physikalisch war es zudem unmöglich, dass irgendetwas gesehen wird. Trotzdem können wir uns überlegen, welche Farbe das, was wir nicht sehen können, gehabt hätte. Dazu können wir ein weiteres Mal die wunderbare Formel von Max Planck bemühen. Denn auch das Universum in seiner Gesamtheit kann näherungsweise als Schwarzer Körper betrachtet werden. Wenn wir die Temperatur des Universums kennen, dann können wir mit dem Planckschen Strahlungsgesetz also auch herausfinden, bei welcher Farbe es die meiste Energie abstrahlt. Und wir haben eine ganze gute Vorstellung von der Temperatur des jungen Universums. Die Details sind komplex, aber wir wissen zum Beispiel, wie die nuklearen Reaktionen ablaufen, bei denen sich Materie und Antimaterie gegenseitig auslöschen, und wie viel Energie dabei frei wird, woraus man auf die Temperatur schließen kann. Zusammen mit diversen anderen theoretischen Überlegungen lässt sich einigermaßen genau bestimmen, wie heiß das Universum in seiner sehr frühen Phase war. Es war so heiß, dass das Maximum seiner Strahlung weit, weit außerhalb des für unsere Augen sichtbaren Bereichs lag. Fast die gesamte Energie des Universums lag in Form hochenergetischer, kurzwelliger Gammastrahlung vor. Nur ein winziger Anteil des damals vorhandenen Lichts wäre für uns tatsächlich sichtbar gewesen, und wenn man etwas hätte sehen können, dann wäre es uns vermutlich bläulich-violett erschienen.

Aber wie gesagt: Damals gab es nichts zu sehen, und dieses Kapitel beschäftigt sich ja auch nicht mit der Farbe Blau, sondern mit Orange. Die Geschichte geht also noch weiter. Zehn Sekunden nach dem Urknall taucht also das erste Licht auf, kann sich aber noch nicht ausbreiten. Der Kosmos expandiert trotzdem weiter vor sich hin, und je größer er wird, desto kühler wird er auch. In den folgenden Minuten wird es kühl genug, dass sich Protonen und Neutronen aneinander binden können, und es entstehen die ersten Atomkerne. Allerdings nur Wasserstoff und Helium, deren Kerne mit einem Proton beziehungsweise zwei Protonen und zwei Neutronen auskommen. Alle anderen chemischen Elemente brauchen mehr Kernbausteine, und dafür reicht die Zeit nicht aus. Denn frei durchs Universum sausende Neutronen überleben nicht lange. Sie müssen sich mit Protonen verbinden, um stabil weiter existieren zu können, ansonsten zerfallen sie zu Protonen und Elektronen.* Ein paar Minuten nach dem Urknall ist die Entstehung der ersten Elemente also schon wieder abgeschlossen, alle verfügbaren freien Neutronen sind verbraucht, der Rest ist zerfallen, und für die Entstehung der chemischen Elemente, die weder Wasserstoff noch Helium sind, müssen wir auf die Geburt der ersten Sterne warten.

Aus Sicht des Lichts hat sich die Lage aber nicht wesentlich verbessert. Es hat immer noch keinen Platz, um sich auszubreiten. Das Universum ist immer noch zu heiß, als dass die Elektronen sich an die Atomkerne binden könnten. Sie sind noch immer überall im Weg, und das Licht kommt nicht voran. Bis jetzt haben wir die Zeit nach dem Urknall in Sekunden und Minuten gemessen, aber nun müssen wir einen großen Sprung nach vorne machen. Das Universum bleibt lange Zeit undurchlässig für das Licht, aber es expandiert weiter und kühlt dabei ab. 380 000 Jahre später ist es dann so weit. Es ist kühl genug, damit sich die Elektronen mit den Atomkernen verbinden können. Endlich ist Platz für das Licht: Das Universum ist durchsichtig geworden!

* Und der Vollständigkeit halber: Ein Elektron-Antineutrino ist auch noch mit dabei.

Seit dem Urknall ist es jetzt schon deutlich abgekühlt. Die Temperatur des Universums beträgt jetzt nur noch circa 2700 Grad Celsius. Wären wir in der Lage, es zu diesem Zeitpunkt zu betrachten, dann würden wir überall ein weißlich-orangefarbenes Leuchten sehen. Es wäre das warme Licht einer alten Glühlampe oder eines gemütlichen Lagerfeuers. Die erste Farbe, die nach dem Urknall tatsächlich sichtbar wird, ist Orange!

Das orangefarbene Licht des Urknalls ist übrigens auch heute noch da. Es hat sich in den Milliarden Jahren seit damals allerdings deutlich verändert. Unsere Augen können es nicht sehen, die passenden Messinstrumente aber schon. Welches Schicksal dieses Licht ereilt hat, darauf kommen wir im Kapitel zu den unsichtbaren Farben zurück. In der Zwischenzeit konzentrieren wir uns auf ein weiteres Objekt, das mindestens so unvorstellbar wie das Universum selbst ist und außerdem auch noch orange, obwohl es dafür keinen guten Grund gibt.

Wer am 10. April 2019 Nachrichten gesehen, Zeitung gelesen oder das Internet geöffnet hat, ist mit Sicherheit mehr als nur einmal auf ein ganz bestimmtes Bild gestoßen. Es zeigt einen orange-roten Ring mit einem dunklen Bereich in der Mitte vor einem ebenso dunklen Hintergrund. Auf den ersten Blick sieht das Bild nicht sonderlich beeindruckend aus. Weiß man aber, was es darstellen soll, dann hat es die mediale Aufmerksamkeit mehr als verdient. Es handelt sich um das erste Bild eines Schwarzen Lochs. Und das wirft mehrere Fragen auf. Erstens: Auch wenn die meisten Menschen wenig über Schwarze Löcher wissen, so wissen sie wohl doch zumindest, dass es sich dabei um Objekte handelt, von denen nichts entkommen kann, auch kein Licht. Schwarze Löcher sind also per Definition unsichtbar – wie kann man also ein Bild davon machen? Und zweitens: Wieso ist das unsichtbare Schwarze Loch auf einmal orange?

Wir müssen mit der Antwort auf die erste Frage beginnen, denn aus ihr folgt dann auch direkt die Antwort auf Frage Nummer zwei. Es stimmt, dass Schwarze Löcher unsichtbar sind. Die genaue Funktionsweise eines Schwarzen Lochs zu erläutern würde zu weit führen, vor allem auch deswegen, weil die Wissenschaft in diesem Punkt selbst noch mit offenen Fragen zu kämpfen hat. Wichtig ist in unserem Zusammenhang: Das definierende Moment eines Schwarzen Loches ist tatsächlich seine Anziehungskraft. Die hat natürlich jedes Objekt, das auch eine Masse besitzt. Hier auf der Erde spüren wir die Anziehungskraft unseres Planeten jeden Tag, aber wir können sie auch überwinden. Würden wir mit mehr als 11,2 Kilometern pro Sekunde in die Luft springen, dann könnte uns die Erdanziehung nicht mehr zurückholen, und wir würden im Weltraum verschwinden. In der Realität springen wir natürlich nicht, sondern verwenden Raketen, um die Erde zu verlassen, aber der wichtige Punkt ist, dass es möglich ist. Würden wir dagegen versuchen, von der Oberfläche der Sonne zu starten (was aus vielen naheliegenden Gründen in der Praxis nicht funktioniert), dann müssten wir uns schon etwas mehr anstrengen und mit knapp 620 Kilometern pro Sekunde beschleunigen. Zumindest in der Theorie ist das allerdings noch möglich.

Bei einem Schwarzen Loch sieht es aber anders aus. Schwarze Löcher sind Objekte, deren Masse enorm komprimiert wurde, zum Beispiel, weil ein sehr massereicher Stern unter seiner eigenen Gravitationskraft immer weiter in sich zusammengefallen ist. Und weil die Masse auf einem derart kleinen Raum zusammengedrängt ist, kann man sich ihr theoretisch auch sehr weit annähern und spürt dann eine entsprechend starke Anziehungskraft. In dem Ausmaß, in dem sie stärker wird, erhöht sich auch die Geschwindigkeit, die notwendig wird, wenn man sich dauerhaft entfernen will. Wenn diese Fluchtgeschwindigkeit aber 299 792,458 Kilometer pro Sekunde übersteigt, bekommt man ein Problem. Denn das ist der Wert der Lichtgeschwindigkeit – und nichts kann sich schneller bewegen als das Licht. Oder anders gesagt: Steigt die Fluchtgeschwindigkeit in der Umgebung eines extrem dichten Objekts über die Lichtgeschwindigkeit, bildet sich ein sogenannter »Ereignishorizont« rund um das Objekt. Das ist keine physische Struktur, sondern die theoretische Grenze, ab der man dem Schwarzen Loch noch entkommen könnte. Alles, was sich dem dichten Objekt noch weiter nähert, kommt nicht mehr zurück, und das gilt auch für das Licht. Die Astronomie hat keine Möglichkeit, an Licht oder Information über das, was sich innerhalb des Ereignishorizonts abspielt, heranzukommen. Von außen sehen wir nur einen Bereich, in dem es nichts zu sehen gibt, weil von dort kein Licht zu uns gelangen kann. Genau diesen Bereich nennen wir ein »Schwarzes Loch« – und es ist tatsächlich und per Definition unsichtbar.*

Würde so ein Schwarzes Loch ganz für sich alleine irgendwo im dunklen Universum sitzen, dann hätten wir tatsächlich so gut wie keine Chance, jemals auch nur zu bemerken, dass es da ist (auch wenn es in glücklichen Ausnahmefällen möglich ist).** Aber in der Realität finden wir Schwarze Löcher sehr oft genau

* Genauer gesagt: Im Rahmen der folgenden Erklärungen ist es das, was ich ein »Schwarzes Loch« nenne. Die theoretische Physik hat wesentlich komplexere Vorstellungen davon, was man unter einem Schwarzen Loch versteht.

** Man kann solche isolierten Schwarzen Löcher allerdings in seltenen Ausnahmefällen durch den sogenannten »Mikrogravitationslinseneffekt« nachweisen, der darauf basiert, dass die Schwerkraft der Schwarzen Löcher den Raum um sie herum verzerrt und Licht entfernter Sterne auf eine charakteristische Weise ablenkt.

dort, wo es alles andere als leer und ruhig ist, zum Beispiel in den Zentren von Galaxien. Dort liegen die Sterne sehr viel näher beieinander als in den äußeren Bereichen. Unsere Sonne hat das Glück, sich in genau diesem »Speckgürtel« der Milchstraße zu befinden, wo viel Platz zwischen den Sternen herrscht und auch ansonsten nicht allzu viel los ist. Im Zentrum unserer Galaxis ist sehr viel mehr Trubel; dort stehen die Sterne dicht an dicht, und ganz in der Mitte befindet sich ein Supermassereiches Schwarzes Loch. »Supermassereich« ist in diesem Fall tatsächlich ein wissenschaftlicher Fachausdruck: Das Schwarze Loch im Zentrum der Milchstraße hat ungefähr vier Millionen Mal mehr Masse als die Sonne, und wir haben bis jetzt noch keine Ahnung, wie solche enormen Objekte überhaupt entstehen können. Der Kollaps eines Sterns reicht definitiv nicht aus. Wir wissen aber, dass sie in den Zentren aller großen Galaxien zu finden sind. Dort hängen diese gewaltigen Schwarzen Löcher aber nicht alleine herum, sondern inmitten enormer Wolken aus Gas und Staub und, durch ihre starke Anziehungskraft, zerstörter Sterne. All dieses Material wird durch die Gravitation des Schwarzen Lochs stark beschleunigt und wirbelt mit unvorstellbarer Geschwindigkeit um den Ereignishorizont herum, bevor es dann am Ende dahinter verschwindet. Gleichzeitig wird das ganze Material sehr stark aufgeheizt und beginnt zu leuchten. Nicht nur im für unsere Augen sichtbaren Licht, sondern auch in allen anderen Bereichen des Spektrums. Es leuchtet im Radiolicht, im Röntgenlicht, im Ultraviolettlicht und vielen anderen Farben. Das bedeutet: Wir können Schwarze Löcher zwar tatsächlich nicht direkt sehen, aber ihre unmittelbare Umgebung kann unter Umständen extrem hell leuchten – so hell, dass wir dieses Licht sogar dann noch wahrnehmen können, wenn es aus fernen Galaxien zu uns gelangt.

Es ist also möglich, die hell strahlenden Zentren der Galaxien zu beobachten. Tatsächlich wissen wir von der Existenz der Schwarzen Löcher auch nur deshalb, weil sie in der Lage sind, Material auf diese extreme Weise zum Leuchten zu bringen. Bis vor Kurzem war es jedoch nicht möglich, das Zentrum von Galaxien so genau in den Blick zu nehmen, dass wir nicht nur das helle Leuchten, sondern auch den Bereich in der Mitte sehen konnten, aus dem kein Licht mehr zu uns dringt. Der dunkle Schatten des Schwarzen Lochs vor dem hellen Licht der Materie, die es gerade verschluckt, war unsichtbar. Bis zum 10. April 2019, bis zu dem Bild mit dem orangefarbenen Ring, dessen dunkles Zentrum genau diesen Schatten zum ersten Mal gezeigt hat.

Auf der Aufnahme sehen wir also nicht das Schwarze Loch selbst; wir sehen dort nicht einmal den Ereignishorizont, weil es da gar nichts zu sehen gibt. Aber wir sehen das, was man von einem Schwarzen Loch sehen kann: nämlich den »Schatten«, den es seiner extrem hellen Umgebung aufprägt. Damit ist die erste Frage von vorhin beantwortet. Die zweite Frage aber bleibt noch: Warum ist das Ding orange?

Die kurze Erklärung lautet: Weil die Forscherinnen und Forscher, die das Bild erstellt haben, wollten, dass es orange ist. Das ist allerdings eine sehr unbefriedigende Antwort, darum sollten wir uns dem ausführlicher widmen. Die Umgebung des Schwarzen Lochs auf dem Bild ist deswegen orange, weil es sich genau genommen gar nicht um ein echtes Bild handelt. Es ist natürlich auch keine Fälschung, aber man hat auch nicht einfach ein Teleskop auf das Schwarze Loch gerichtet und mit einer Kamera eine Aufnahme gemacht. Dafür ist das Schwarze Loch auf dem Bild viel zu weit weg. Es befindet sich im Zentrum der gut 55 Millionen Lichtjahre entfernten Galaxie mit der Bezeichnung

»Messier 87«. Der dunkle Bereich, der vom Ring aus orangefarbenem Licht umgeben ist, ist in Wahrheit zwar deutlich größer als das Sonnensystem – aber eben auch ein paar Dutzend Millionen Lichtjahre weit weg.* Ein Teleskop mit der Auflösung, die nötig ist, um den Schatten dieses Schwarzen Lochs abzubilden, müsste ungefähr so groß sein wie die gesamte Erde.

Das klingt nach einer unmöglichen Aufgabe, ist aber überraschenderweise machbar. Die Details sind notwendigerweise kompliziert. Aber man kann die Daten einzelner, kleiner Teleskope so kombinieren, dass dadurch das Auflösungsvermögen eines sehr viel größeren Instruments simuliert wird. Je weiter die Teleskope voneinander entfernt sind, desto größer wird dabei auch das simulierte Teleskop. Das funktioniert aber nur, wenn man die Lichtwellen, die auf die Einzelteleskope treffen, auf die exakt richtige Weise überlagert. Dazu muss es durch Glasfaserkabel in passende Instrumente geleitet werden, und das schränkt die Distanz ein, die die Teleskope voneinander entfernt sein können. Eine Alternative wäre es, das eintreffende Licht ganz exakt aufzuzeichnen, quasi wie mit einer Filmkamera. Dann sammelt man die Filme aller Teleskope und überlagert sie in einem Computer.

Die Idee ist gut, aber sie scheitert daran, dass wir dafür die Zeit nicht genau genug messen können. Normales, für unsere

* Das gilt zumindest dann, wenn man das Sonnensystem als den Bereich der Umlaufbahnen der acht Planeten betrachtet. Der zentrale Bereich im Bild des ersten Schwarzen Lochs hat einen Radius von etwa 130 Astronomischen Einheiten, also der 130-fachen Distanz zwischen Sonne und Erde. Das entspricht in etwa der Distanz, die die Voyager-Raumsonden seit ihrem Start im Jahr 1977 zurückgelegt haben. Die Umlaufbahn des sonnenfernsten Planeten Neptun hat einen Radius von ungefähr 30 Astronomischen Einheiten.

Augen sichtbares Licht hat Wellenlängen im Bereich von einigen Hundert Nanometern. Das bedeutet, dass die Welle pro Sekunde ein paar Hundert Billionen Mal auf und ab schwingt. Für jeden Wellenberg und für jedes Wellental müssten wir den exakten Zeitpunkt bestimmen, und das ist unmöglich. Aber zum Glück gibt es ja auch Wellen, die ein wenig langsamer schwingen. Radio- und Mikrowellen zum Beispiel, deren Wellenlängen lang genug sind, um tatsächlich wie mit einer Filmkamera aufgezeichnet zu werden. Um das Bild des Schwarzen Lochs aufzunehmen, wurden also Radioteleskope überall auf der Welt zum selben Zeitpunkt auf das Zentrum der Galaxie M87* gerichtet (was einfacher klingt, als es ist, weil an all diesen Orten zur selben Zeit ausreichend gutes Wetter für die Beobachtung herrschen muss). Die Daten sind dann am Computer zusammengeführt worden, um die Beobachtung mit einem Radioteleskop zu simulieren, das in etwa so groß wie die Erde selbst ist. Auch das war aufwendig, hat sehr viel mathematische Rechnerei benötigt und ein paar Jahre gedauert. Aber am Ende erhielt man einen Datensatz, der zeigt, wie viel Radiostrahlung aus unterschiedlichen Bereichen in der Umgebung des Schwarzen Lochs dringt.

Man hätte diesen Datensatz einfach im Rahmen einer wissenschaftlichen Arbeit veröffentlichen können. Aber Menschen sind visuelle Wesen und wollen die Dinge mit eigenen Augen sehen. Ein Bild ist unter Umständen auch sehr viel informativer als eine Tabelle voller Zahlen. Also ist es in der Astronomie üblich, auch Licht, das unsere Augen nicht sehen können, so darzustellen, als könnten wir es sehen. Die einfachste Möglichkeit wäre, einen Datensatz dieser Art einfach in Grautönen darzustellen. Die Bereiche, aus denen viel Strahlung kommt, werden weiß eingefärbt, dort, wo es ein bisschen weniger wird, ist es grau, und da, wo keine Strahlung ausgesandt wird, bleibt das Bild schwarz. Ein solches Bild wäre definitiv anschaulicher als ein Haufen Zahlen. Aber ästhetisch wäre es nicht besonders reizvoll, und darüber hinaus würde man vermutlich auch nicht so viele Details erkennen, wie man gerne möchte. Die Forscherinnen und Forscher, die das Bild des Schwarzen Lochs erstellt haben, haben sich daher einerseits überlegt, welche Farben einen guten Kontrast ermöglichen, um Bereiche unterschiedlicher Strahlungsintensität gut unterscheiden zu können. Andererseits wollten sie auch das Phänomen an sich auf ansprechende Weise visualisieren. Da die Intensität der Strahlung einem Unterschied in der Temperatur entspricht, haben sie sich entschieden, die Bereiche der stärksten Strahlung weiß einzufärben, die Bereiche, in denen die Temperatur geringer ist, in Rottönen darzustellen und dazwischen unterschiedliche Gelb- und Orangetöne zu verwenden. Dadurch ist einerseits ein guter Kontrast vor dem schwarzen Hintergrund möglich, der gleichzeitig dem entspricht, was wir uns vorstellen, wenn wir an Objekte im dunklen All denken. Andererseits passt die rot-orange Farbpalette zu unserer Vorstellung von hohen Temperaturen, die in der Umgebung eines Schwarzen Lochs herrschen.

Das erste Bild eines Schwarzen Lochs ist also deswegen orange, weil es auf Daten basiert, die keine Farbe haben und die man sozusagen »einfärben« musste, um es für uns verständlich zu machen. Die Entscheidung, es orange darzustellen, war vor allem eine ästhetische und keine, die auf wissenschaftlichen Zwängen basiert. Wenn es nur um die astronomischen Daten gegangen wäre, hätte fast jede beliebige andere Farbpalette ebenso gut funktioniert.

Was beim unsichtbaren orangefarbenen Schwarzen Loch direkt ersichtlich ist, gilt ebenso für fast alle Bilder, die in der modernen Astronomie veröffentlicht werden. Die Pressemitteilungen und Medienartikel über die Ergebnisse der Forschung sind voll mit wunderbar bunten Aufnahmen von kosmischen Nebeln und fernen Galaxien. Wir können die Objekte in allen Farben des Regenbogens leuchten sehen, und manche der Bilder sind mindestens so beeindruckend wie die Kunstwerke, die in den Museen dieser Welt zu finden sind. Würden wir aber selbst ins All fliegen, um diese Farbenpracht mit unseren eigenen Augen zu bewundern, wären wir vermutlich enttäuscht. Zumindest dann, wenn wir erwarten, genau das vorzufinden, was wir zuvor auf den Bildern der großen Teleskope gesehen haben.

Das liegt nicht daran, dass Astronominnen und Astronomen uns mit ihren Aufnahmen täuschen wollen. Es sind keine »Fälschungen«, und das, was sie zeigen, ist die Realität. Aber es sind wissenschaftliche Bilder, und sie zeigen uns deswegen viel mehr, als unsere Augen sehen könnten. Denn die sind, aus astronomischer Sicht betrachtet, ziemlich mangelhaft. Die Pupille, durch die Licht eindringen kann, ist nur ein paar Millimeter groß und damit sehr viel kleiner als selbst das kleinste Hobby-Teleskop. Wir können damit im Alltag zwar gut sehen, aber wenn es um den Himmel geht, bekommen wir Probleme. Nur die hellsten Objekte strahlen genug Licht ab, um die Rezeptoren in unseren Augen ausreichend stark zu stimulieren, damit das Gehirn daraus einen Sinneseindruck erzeugen kann. Der Rest bleibt unsichtbar, wie alle wissen werden, die schon einmal mit einem Teleskop zum Himmel geblickt haben. Dort, wo zuerst nur Dunkelheit war, tauchen auf einmal unzählige Sterne auf, die wir nur sehen können, weil wir unser Auge mit den Linsen und Spiegeln des Teleskops verstärkt haben. Die optischen Instrumente der Astronomie sind nicht nur in der Lage, schwächeres Licht zu sehen als unsere Augen, sie können dieses Licht auch noch über einen längeren Zeitraum hinweg sammeln.

Wenn wir in einer klaren Nacht zum Beispiel dorthin blicken, wo sich die Andromedagalaxie befindet, sehen wir entweder gar nichts oder, mit etwas Glück, einen verwaschenen kleinen Fleck. Im Teleskop dagegen werden mehr Details sichtbar. Und wenn wir dann noch eine Kamera an das Teleskop hängen und eine sehr lang belichtete Aufnahme machen, werden wir Einzelheiten der Andromedagalaxie erkennen, die ansonsten unsichtbar geblieben wären.

All die fernen Galaxien und kosmischen Nebel, die auf den Bildern so beeindruckend aussehen, leuchten in Wahrheit viel zu schwach, als dass wir mit unseren Augen oder auch durch ein Teleskop auch nur annähernd etwas Vergleichbares erkennen könnten. Man muss langzeitbelichtete Bilder aufnehmen, bei denen hinzukommt, dass sie uns meist zusätzlich auch noch Licht zeigen, das für unsere Augen unsichtbar ist. Im Gegensatz zu uns können die Instrumente der Astronomie das gesamte Spektrum wahrnehmen. Das »normale« Licht kann mit Daten von Infrarotteleskopen kombiniert werden, mit Aufnahmen im UV-Bereich oder im Radiolicht. Diese Daten können genauso künstlich eingefärbt werden, wie es mit den Daten der Radioteleskope bei der Beobachtung des Schwarzen Lochs in Messier 87 geschehen ist. Denn am Ende sind alle modernen astronomischen Aufnahmen farblos. Alles passiert dort mittlerweile digital, das heißt, die Teleskope zeichnen keine Bilder auf, wie man früher Bilder mit einer analogen Filmkamera gemacht hat. Die Detektoren der Astronomie registrieren die Intensität der auf sie auftreffenden Strahlung und verwenden dabei unterschiedliche Filter. Weiß man zum Beispiel, dass ein bestimmtes Objekt bei einer Wellenlänge von 700 Nanometern sehr viel Strahlung abgibt, weil der Detektor mit dem entsprechenden Filter genau das gemessen hat und gleichzeitig andere Kameras mit anderen Filtern sehr viel weniger Licht bei 400 und 500 Nanometern registriert haben, dann sind das vorerst rein digitale und damit »farblose« Informationen. Möchte man diese Zahlen in ein Bild umwandeln, dann muss man – wie beim Schwarzen Loch – eine Farbpalette dafür auswählen. In diesem Beispiel wäre es natürlich sinnvoll, die Daten, die mit dem 700-Nanometer-Filter gemacht wurden, in Rottönen darzustellen, denn genau dieser Farbe entspricht Licht mit einer solchen Wellenlänge. Den anderen beiden Filtern würde man entsprechend die Farben Grün und Blau zuordnen. Und wenn man alles überlagert, bekäme man ein Bild, das zumindest annähernd dem entspricht, was unsere Augen sehen würden, sofern sie so groß wie ein Teleskop wären und ausreichend lange belichten könnten.

Wenn man aber auch die für unsere Augen unsichtbaren Wellenlängen darstellen möchte, muss man zwangsläufig auf Farben zurückgreifen, die nichts mit den realen Sinneseindrücken zu tun haben können, weil es dafür keine realen Sinneseindrücke gibt. Geht es nur um reine wissenschaftliche Forschung, dann wählt man meist die Farbpaletten, bei denen die meisten Details sichtbar werden. Das sind oft stark kontrastierende Farben, und solchen Aufnahmen sieht man auf den ersten Blick an, dass sie »künstlich« eingefärbt wurden. Will man die astronomischen Aufnahmen aber auch einer breiten Öffentlichkeit zugänglich machen, dann versucht man in der Regel, einem gewissen ästhetischen Anspruch gerecht zu werden, ohne dabei aber allzu weit von der wissenschaftlichen Realität abzuweichen. Infrarotdaten werden dann zum Beispiel in Rottönen dargestellt, ultraviolette Strahlung wird dagegen bläulich visualisiert. Die Daten der Radioteleskope werden oft gelb-orange eingefärbt, die der hochenergetischen Röntgen- und Gammastrahlung blau und weiß. Diese Farbwahl soll den Unterschied in der Temperatur abbilden, denn tatsächlich sind Gamma- und Röntgenstrahlung ja heißer als Radiowellen.

Mit ausreichend Wissen über Licht und Strahlung ist diese Wahl gut nachvollziehbar. Im Kapitel über die Farbe Rot habe ich das Plancksche Strahlungsgesetz ausführlich erklärt und erläutert, dass Objekte mit einer vergleichsweise niedrigen Temperatur rot leuchten, während die heißeren die meiste Energie im blauen Bereich abstrahlen. In unserer Alltagserfahrung assoziieren wir Blautöne aber eher mit Eis und Kälte, während Rot und Orange für Wärme stehen. Und tatsächlich hat eine Studie zur Wahrnehmung astronomischer Bilder aus dem Jahr 2013 gezeigt, dass Astronominnen und Astronomen die Wahl von Rot und Blau für kühle beziehungsweise heiße Objekte durchaus nachvollziehen können – während jedoch mehr als 70 Prozent der nicht wissenschaftlich gebildeten befragten Personen davon ausgingen, dass es genau andersherum ist und blaue Farben kühle Objekte darstellen. Die Astronomie befindet sich in einer Zwickmühle. Einerseits ist sie gerade deswegen so erfolgreich, weil sie mit den modernen Instrumenten so viel mehr sehen kann, als es unsere Augen vermögen. Wenn sie das so gewonnene Wissen aber an die Öffentlichkeit vermitteln will, muss sie zwangsläufig kreativ werden. Und das führt dann eben auch zu Schwarzen Löchern, die orange sind.

Im Gegensatz zum berühmten Schwarzen Loch gibt es im Universum aber auch Objekte, die tatsächlich orange leuchten. Eine spezielle Art von Sternen tut das, und es könnte sein, dass diese »Orangen Zwerge« die vielversprechendsten Orte sind, um nach außerirdischem Leben zu suchen. Beschäftigen wir uns also ausführlicher mit der Farbe der Sterne. Was bedeutet sie für die Entwicklung und Existenz von Leben auf Planeten in ihrer Umgebung?

Wir kennen nur einen belebten Planeten, nämlich die Erde. Sie umkreist die Sonne, und es würde nun eigentlich naheliegen, wenn wir uns bei der Suche nach anderen belebten Planeten auf sonnenähnliche Sterne konzentrieren. Aber nur weil es bei uns mit dem Leben offensichtlich funktioniert, bedeutet das noch nicht, dass unsere Konstellation die Ideallösung ist. Denn genauer betrachtet gibt es an unserem gelben Stern durchaus einiges zu kritisieren. Und ja, im letzten Kapitel habe ich zwar ausführlich erklärt, dass die Sonne eigentlich nicht gelb leuchtet, sondern weiß und dass es zudem nicht ganz falsch wäre, sie als grünen Stern zu bezeichnen. Das war nicht falsch, aber auch noch nicht die ganze Geschichte, denn die kommt jetzt.

In der offiziellen Klassifizierung der Astronomie ist die Sonne ein Gelber Zwergstern. Das mit dem Gelb lässt sich schnell erklären: Sterne, die heißer sind als die Sonne, leuchten tendenziell eher blau-weißlich; die kühleren sind orange-rötlich. Dazwischen bleibt das weiß-gelbliche Licht der Sonne, und damit man nicht ständig von »bläulich-weiß« und »weiß-gelblich« reden muss, lässt man das weiß einfach weg. Überraschender mag aber die Bezeichnung der Sonne als »Zwergstern« sein. Immerhin hat sie einen Durchmesser von 1,4 Millionen Kilometern. Das ist ja nicht nichts! Das stimmt, aber verglichen mit der Größe, die Sterne am Ende ihres Lebens erreichen, ist die Sonne tatsächlich winzig.

Die Sonne ist vor circa fünf Milliarden Jahren entstanden. Und sie wird auch noch ungefähr fünf bis sechs weitere Milliarden von Jahren existieren. Danach geht ihr das Material für die Kernfusion in ihrem Inneren aus. In den letzten Phasen ihres Lebens kann sie mit den verbliebenen Elementen noch ein paar Fusionsreaktionen durchführen, die sehr viel Strahlung freisetzen, wodurch sie sich aufbläht und zu einem Roten Riesenstern wird. Sie wird weit über die Umlaufbahnen von Merkur und Venus hinaus anschwellen und am Ende sogar die Erde verschlucken. Dann aber ist Schluss. Die äußeren Schichten der Sonne verflüchtigen sich ins All, und übrig bleibt nur ihr dichter, innerer Bereich. Dieses Objekt wird dann ungefähr so groß sein wie die Erde selbst, dabei aber eine Masse haben, die nur wenig kleiner als die der ursprünglichen Sonne ist. In diesem immer noch sehr heißen Objekt wird es keine Kernfusion mehr geben. Der »Weiße Zwerg«, zu dem die Sonne am Ende ihres Lebens wird, kühlt nur noch ab – ein Prozess, der viele Hundert Billionen oder Billiarden Jahre lang dauern kann.

Man könnte meinen, dass zehn Milliarden Jahre ein ausreichend langer Zeitraum für ein Sternenleben ist. Wenn man aber nicht nur den Stern selbst betrachtet, sondern die Angelegenheit vom Standpunkt eines Lebewesens auf einem Planeten beurteilt, der den Stern umkreist, sieht die Sache ein wenig anders aus. Für uns auf der Erde geht es schon zu Ende, lange bevor die Sonne sich zuerst zu einem Roten Riesen und dann zu einem Weißen Zwerg entwickelt. Unser Stern hat vor gut fünf Milliarden Jahren damit angefangen, in seinem Innern Wasserstoff durch Kernfusion in Helium umzuwandeln. Die Sonne ist ein großer Himmelskörper und enthält sehr, sehr viel Wasserstoff. Die im Vergleich dazu geringe Menge an Wasserstoff, die im Laufe der Zeit verschwindet, und das bisschen Helium, das durch die Fusion dazukommt, fallen lange Zeit nicht weiter ins Gewicht. Trotzdem ändert sich dadurch die chemische Zusammensetzung der Sonne mit ihrem Alter, und das beeinflusst auch die nuklearen Reaktionen, die in ihrem Inneren stattfinden können.

Die Sonne wird dadurch langsam, aber sicher immer heißer, und damit auch die Energie, die wir hier auf der Erde abbekommen.* In ungefähr ein bis zwei Milliarden Jahren wird es so heiß sein, dass definitiv kein Leben mehr möglich ist. Angesichts der bisherigen, kurzen Geschichte der Menschheit sind zwei Milliarden Jahre einerseits ein durchaus langer Zeitraum. Andererseits ist es angesichts unseres Verhaltens mehr als zweifelhaft, dass wir auch nur einen Bruchteil dieser Zeit überleben werden, bevor wir uns auf die eine oder andere Weise selbst auslöschen. Aber es geht ja nicht immer nur um uns Menschen. Die ersten, einfachen Lebewesen haben sich vor ungefähr 3,5 Milliarden Jahren auf der Erde entwickelt. Wir Menschen sind erst vor ein paar Millionen Jahren aufgetaucht. Oder anders gesagt: Die Evolution hat Milliarden Jahre gebraucht, um uns Menschen hervorzubringen. Natürlich darf man sich die Evolution nicht als zielgerichteten Weg vom ersten Einzeller hin zu uns Menschen als Krone der Schöpfung vorstellen. In der Geschichte der Erde gab es jede Menge große Massensterben, ausgelöst durch Asteroideneinschläge, Supervulkanausbrüche und andere Katastrophen. Würde man die ganze Entstehungsgeschichte des Lebens auf der Erde ein zweites Mal ablaufen lassen, wäre es höchst unwahrscheinlich, dass wir am Ende wieder einen Planeten vorfinden, der von intelligenten Primaten beherrscht wird. Vielleicht würden wir Menschen in einem solchen Szenario schon viel früher auftauchen. Oder später. Oder auch gar nicht, weil irgendeine andere Spezies sich zur intelligenten Vorherrschaft aufschwingen würde. Oder aber es würde sich gar kein intelligentes Leben auf der Erde entwickeln, oder das Leben selbst würde irgendwann durch eine der vielen Katastro-

* Sicherheitshalber eine Anmerkung an dieser Stelle: Mit der globalen Erderwärmung im Rahmen der Klimakrise hat dieser Prozess absolut nichts zu tun.

phen komplett ausgelöscht. Dann würde die Evolution einen zweiten Anlauf nehmen müssen. Und vielleicht würde die Zeit dann schlicht nicht mehr reichen, um Menschen hervorzubringen, bevor die Erde unbewohnbar wird.

Es ist unmöglich, vorherzusagen, wie die Evolution des irdischen Lebens unter anderen Umständen abgelaufen wäre, aber wir können festhalten, dass mehr Zeit prinzipiell auch bedeutet, dass das Leben bessere Karten hat, sich zu entwickeln, und das gegebenenfalls auch so, dass es widerstandsfähiger gegenüber den diversen Katastrophen wird, die einem im Laufe der Jahrmilliarden begegnen. Bei einem solchen Vorhaben kann auch ein Zeitraum von zehn Milliarden Jahren schon ein wenig knapp werden. Es gibt jedoch Sterne, die wesentlich länger existieren als die Sonne. Und die Lebensdauer eines Sterns hängt direkt mit seiner Farbe zusammen.

Um das zu verstehen, machen wir einen Ausflug zu unseren Nachbarn. Nicht zum Mond, auch nicht zu Venus und Mars, den Nachbarplaneten der Erde, sondern zum nächstgelegenen Sternensystem. Wir müssen dafür ganze vier Lichtjahre zurücklegen, bevor wir zuerst auf Proxima Centauri treffen und kurz danach auf Alpha Centauri A und Alpha Centauri B. Diese drei Sterne gehören zusammen. Alpha Centauri A und B umkreisen einander alle 80 Jahre, und der Abstand zwischen ihnen schwankt dabei beträchtlich. Wenn sie einander am nächsten sind, entspricht die Distanz ungefähr dem Abstand zwischen Sonne und Saturn. Danach entfernen sie sich wieder, bis sie circa so weit voneinander entfernt sind wie Sonne und Neptun. Sehr weit außen um dieses Sternenpaar herum bewegt sich Proxima Centauri. Er braucht für eine Runde fast 600 000 Jahre, und der Abstand zu A und B kann bis zu zwei Zehntel eines Lichtjahres betragen.

Solche Mehrfachsternsysteme sind übrigens absolut nicht ungewöhnlich im Universum. Im Gegenteil, ein Einzelstern wie unsere Sonne ist eher die Ausnahme als die Regel. Das Alpha-Centauri-System ist also nicht deswegen interessant, weil dort drei Sterne umeinander kreisen. Sondern weil es sich um drei Sterne handelt, anhand derer man den Zusammenhang zwischen Farbe, Lebensdauer und Lebensfreundlichkeit gut verstehen kann.

Alpha Centauri A ist ein Stern, der unserer Sonne sehr ähnlich ist. Wie sie ist auch er ein Gelber Zwergstern. Er ist nur ein kleines bisschen größer und schwerer, die Temperatur an seiner Oberfläche ist nur unwesentlich höher, und auch das Alter ist vergleichbar mit unserem Stern. Alpha Centauri B ist natürlich genauso alt wie sein Partner; beide Sterne sind gemeinsam entstanden. B ist allerdings ein wenig kleiner, leichter und damit auch kühler als die Sonne und strahlt nur 50 Prozent ihrer Energiemenge ab. Der ferne Proxima Centauri ist der Winzling des Trios. Er hat nur wenig mehr als ein Zehntel der Sonnenmasse, nur 15 Prozent ihrer Größe, eine Oberflächentemperatur von nur gut 2700 Grad Celsius und leuchtet Tausende Male schwächer als die Sonne.

Der Unterschied in Temperatur und Leuchtkraft schlägt sich direkt in der Farbe nieder. Wir haben das Plancksche Strahlungsgesetz nun schon mehrfach verwendet, und auch hier lässt es sich zum Einsatz bringen. Die Temperatur von Alpha Centauri A führt, so wie bei der Sonne, zu einem Maximum der Abstrahlung im grünen Bereich und damit einer weiß-gelblichen Farbe. Der etwas kühlere Alpha Centauri B dagegen leuchtet orange, während Proxima Centauri rötlich strahlt. Die drei Sterne sind Vertreter von drei unterschiedlichen Sterntypen: Gelbe Zwerge, Orange Zwerge und Rote Zwerge. Angesichts der Ausmaße eines Sterns mag es seltsam erscheinen, sie als »Zwerge« zu bezeichnen. Aber wir haben ja im Kapitel über die Farbe Rot schon gesehen, dass es auch Riesensterne wie Antares gibt, die sehr, sehr viel größer als die Sonne werden können. Angesichts dessen, wie groß Sterne theoretisch werden können (noch sehr viel größer als Antares!), ist die Bezeichnung »Zwerg« für Objekte wie die Sonne oder die drei Partner des Alpha-Centauri-Systems durchaus angemessen.

Mit den Zwergen und Riesen unter den Sternen ist jetzt auch der Zeitpunkt gekommen, eines der wichtigsten Diagramme der Astronomie vorzustellen. Es ist ein Diagramm, in dem das Konzept der Farbe eine zentrale Rolle spielt und in dem die Farben der Sterne direkt mit ihrer Entstehung und ihrem Ende verknüpft werden. Es zeigt auf einen Blick das Leben und Sterben der Sterne sowie das, was dazwischenliegt. Angesichts dieser fundamentalen Bedeutung ist es fast schon ein wenig schade, dass es den eher sperrigen Namen Hertzsprung-Russell-Diagramm trägt. Aber es waren eben die Astronomen Henry Russell und Ejnar Hertzsprung, die es im Jahr 1913 entwickelt haben, und außerdem kann man es auch wunderbar mit »HRD« abkürzen.

Wenig überraschend, ist die Geschichte des HRD komplex. Für seine Erstellung war jede Menge Vorarbeit nötig, und jede Menge Menschen waren involviert: Männer, die durch Teleskope schauten, und Frauen, die als Computer die Daten auswerteten und dabei neue Konzepte für die Natur und die Sternentwicklung entworfen haben. Es sind spannende Geschichten, aber da kein Buch alle Geschichten erzählen kann und der Weg zu den Orangen Zwergen auch so schon lang genug ist, kürze ich die Entstehung des HRD auf historiografisch eigentlich unzulässige Weise ein wenig ab: Anfang des 20. Jahrhunderts trafen sich der amerikanische Astronom Henry Norris Russell und sein dänischer Kollege Ejnar Hertzsprung. »Hey Henry«, sagte Ejnar, »wie wär's, wenn wir mal ein Diagramm erstellen, in dem wir die Temperatur und die Helligkeit der Sterne eintragen?« »Super Idee, Ejnar!« Und so ist das Hertzsprung-Russell-Diagramm entstanden.

Bevor wir uns ansehen, wie ein echtes HRD aussieht, können wir uns kurz überlegen, ob es da überhaupt etwas zu sehen gibt. Was passiert, wenn man ein Diagramm erstellt, in dem auf der x-Achse die Temperatur der Sterne aufgetragen wird und ihre Helligkeit auf der y-Achse? Gibt es einen Grund, dass man dort mehr als einen Haufen wahllos verteilter Punkte sehen kann?

Bevor wir diese Frage beantworten können, müssen wir noch ein wenig wissenschaftliche Exaktheit in die Beschreibung bringen. Ich habe bereits erklärt, dass »Helligkeit« in der Astronomie kein eindeutiges Konzept ist. Es gibt die scheinbare Helligkeit, die wir tatsächlich am Nachthimmel beobachten, und es gibt die absolute Helligkeit, in der Sterne in Wahrheit strahlen. Wie schwer es ist, Letztere zu bestimmen, und wie wichtig eine exakte Berechnung ist, hat uns im Kapitel über die Farbe Rot die Arbeit von Henrietta Swan Leavitt gezeigt. Im Fall des HRD gehen wir aber davon aus, dass wir in der Lage sind, die absolute Helligkeit der Sterne zu bestimmen, und diese Werte verwenden wir, um das Diagramm zu erstellen. Die Temperatur eines Sterns lässt sich ebenfalls nicht direkt messen, aber wir wissen, dass sie unmittelbar mit seiner Farbe zusammenhängt. Heiße Sterne leuchten weiß-bläulich, kühle Sterne sind rot-orange, und dazwischen findet man gelbliche Farben wie bei unserer Sonne. Eine weitere Methode zur Bestimmung der Temperatur eines Sterns sind die Spektrallinien, die sich in seinem Licht beobachten lassen. Sie entstehen, wie im Kapitel über die Farbe Gelb beschrieben, durch die Ionisation und Anregung der Elektronen der Atome im Stern. In welchem Ausmaß das passiert und bei welchen chemischen Elementen es überhaupt möglich ist, hängt von der Energie in der Strahlung des Sterns ab, und die wird direkt durch die Temperatur bestimmt. Oder anders gesagt: Das Muster der Spektrallinien im Licht der Sterne sagt uns nicht nur etwas über seine Zusammensetzung, sondern auch über seine Temperatur.

Gegen Ende des 19. Jahrhunderts hat man die Farben und das Muster der Spektrallinien deswegen verwendet, um Sterne in bestimmte Klassen einzuteilen. Diese »Spektraltypen« werden mit den Großbuchstaben O, B, A, F, G, K und M bezeichnet, und wer bei diesem alphabetischen Durcheinander nach einem System sucht, wird keines finden.* Die Spektralklassen sind nach der Temperatur der Sterne gereiht: O- und B-Sterne sind heiß, A-Sterne ein wenig kühler, Sterne vom Typ F, G und K ähneln unserer Sonne, und M-Sterne sind die kühlsten von allen. Im Hertzsprung-Russell-Diagramm trägt man üblicherweise genau diesen Spektraltyp anstelle der konkreten Temperatur ein. Und wenn man diese Daten zusammen mit der absoluten Helligkeit der Sterne entsprechend eingezeichnet hat, entsteht überraschenderweise keine Menge an zufällig verteilten Punkten. Die meisten Sterne reihen sich mit ihren Spektral- und Helligkeitsdaten entlang einer Linie auf, die von oben links nach unten rechts führt, also von heißen und hellen Sternen hinab zu den kühlen und dunklen. Genau genommen sollte das allerdings keine allzu große Überraschung sein. Ein

* Früher gab es mal eines, aber wie so oft in der Astronomie ändern sich Definitionen und Klassifikationen im Laufe der Zeit, und historische Bezeichnungen werden beibehalten, auch wenn sie längst keinen Sinn mehr ergeben.

heißer Stern muss in seinem Inneren ausreichend viele Kernfusionsprozesse am Laufen halten, um die für die hohe Temperatur notwendige Strahlungsmenge zu produzieren. Wie intensiv die Kernfusion ablaufen kann, hängt aber von der Masse des Sterns ab: Je größer die Masse, desto stärker ist auch der Druck auf sein Zentrum und damit die Temperatur, bei der die Fusion ablaufen kann. Sterne mit hoher Temperatur brauchen also viel Masse und sind deswegen tendenziell auch größer. Sterne, die eine kleinere Masse haben, üben damit auch weniger Druck auf ihr Zentrum aus, wo die Kernfusion deswegen entsprechend schwächer abläuft, was in einer geringeren Helligkeit resultiert.

Die markante Linie, die sich durch das HRD zieht, zeigt uns die verschiedenen Zustände, in denen Sterne stabil existieren können. Beziehungsweise sie zeigt uns, welche Farben und Helligkeiten Sterne anhand der Masse aufweisen, mit der sie entstanden sind. Es stellt sich ein Gleichgewicht zwischen der von der Gravitation nach innen wirkenden Kraft und der durch die Kernfusion verursachten Strahlung ein, die nach außen drückt – und die Linie im HRD zeigt uns genau diese Gleichgewichtszustände an. Bis ein Stern diesen stabilen Zustand erreicht, dauert es ein wenig. Zuerst einmal muss ja eine passende kosmische Wolke aus Gas und Staub kollabieren, alles muss kompakt und heiß genug werden, damit die Kernfusion einsetzen kann, und so weiter. Aber sobald der Stern einen Zustand entlang der Linie erreicht hat, ist er ein »echter« Stern geworden. Das bleibt er dann auch so lange, bis das Gleichgewicht aus Gravitation und Strahlung dauerhaft gestört wird. Deswegen wird die Linie im HRD auch die »Hauptreihe« genannt, weil sie den Bereich anzeigt, in dem Sterne ihr Leben die meiste Zeit verbringen.

Wenn man ausreichend viele Sterndaten in das HRD einträgt, wird man aber auch abseits der Hauptreihe einige Gruppen von Sternen finden. Antares, aus dem ersten Kapitel, ist so ein Beispiel. Dieser Stern ist sehr groß und hell, hat aber eine kühle Oberfläche, weswegen er rot leuchtet. Im HRD würde man ihn oben rechts über der Hauptreihe finden, zusammen mit den anderen Roten Riesen und Überriesen. Antares nähert sich schon dem Ende seines Lebens, bei ihm ist das Gleichgewicht gestört, weswegen er sich auch so enorm aufgebläht und die Hauptreihe verlassen hat. Auch die Sonne wird sich in diesen »Riesenast« begeben, wenn sie in fünf bis sechs Milliarden Jahren zu einem Roten Riesen wird.

Man könnte noch viel mehr über das Hertzsprung-Russell-Diagramm erzählen. Darin lassen sich alle Phasen eines Sternenlebens ablesen und all die verschiedenen Zustände, die ein Stern im Laufe seines turbulenten Daseins einnehmen kann. Ich habe es nicht umsonst eines der wichtigsten Diagramme in der Astronomie genannt. Es wäre nicht übertrieben, das HRD als eine visuelle Zusammenfassung der gesamten Astronomie zu bezeichnen (zumindest von dem Teil, der sich mit den Sternen beschäftigt). Es zeigt uns auf direkte Weise, wie die Farben der Sterne mit ihren anderen Eigenschaften zusammenhängen. Und auch, warum es vielleicht noch bessere Orte für das Leben gibt als unseren Gelben Zwergstern.

Was üblicherweise keinen Eingang in das HRD findet, aber durchaus eingetragen werden könnte, ist das Alter der Sterne. Denn auch das ist direkt mit ihren Farben und Helligkeiten korreliert. Helle Sterne, die weiß und blau leuchten, weil sie so heiß sind, tun das deswegen, weil die Kernfusion aufgrund ihrer großen Masse enorm schnell abläuft. Sie brennen sich mit hohem Tempo durch den ihnen zur Verfügung stehenden Wasserstoff und sind damit schon nach vergleichsweise kurzer Zeit durch. Antares, der sich wie erwähnt schon dem Ende seines Lebens nähert, ist erst vor ungefähr 15 Millionen Jahren entstanden. Aus Sicht der schon fünf Milliarden Jahre alten Sonne war das quasi erst gestern. Ganz allgemein gilt: Je heller, heißer und massereicher ein Stern ist, desto kürzer dauert die Phase, in der er einen stabilen Zustand entlang der Hauptreihe einnehmen kann. Die massereichsten Sterne verbrennen sich in ihrem weiß-blauen Feuer in einigen Millionen Jahren, die gelben Sterne wie unsere Sonne lodern ein wenig sparsamer und halten ein paar Milliarden Jahre durch. Die noch kühleren Zwergsterne glimmen orange oder rot, können das aber ein paar Hundert Milliarden oder sogar Billionen von Jahren aufrechterhalten.

Mit diesem Wissen können wir einen frischen Blick auf die drei Sterne des Alpha-Centauri-Systems werfen. Wenn wir die Wahl hätten: Welchen davon sollten wir uns am ehesten als Sonne für einen belebten Planeten aussuchen? Den sonnenähnlichen Stern Alpha Centauri A, den kühleren Orangen Zwergstern Alpha Centauri B oder den winzigen rot leuchtenden Proxima Centauri? Die Antwort scheint auf der Hand zu liegen: Am besten für die Entwicklung des Lebens müsste doch ein Planet bei Proxima Centauri sein! Wenn Rote Zwerge Billionen von Jahren stabil existieren können, dann wäre das mehr als genug Zeit, damit sich das Leben in Ruhe ausbilden oder sogar Dutzende Male komplett neu entwickeln könnte, sollte es durch irgendwelche Katastrophen ausgelöscht werden.

Aber so einfach ist es natürlich nicht, denn wenn das die Antwort wäre, würde diese Geschichte nicht im Kapitel über die Farbe Orange erzählt werden. Wenn es nur um die Zeit selbst gehen würde, wäre ein Roter Zwerg wie Proxima Centauri tatsächlich ein wunderbarer Stern. Selbst wenn er die Kernfusion

»schon« nach einer Billion Jahren einstellt, wäre das immer noch knapp 100-mal länger als die Zeit, die seit dem Urknall vergangen ist. Kleine Sterne sind langlebig, aber leider auch ziemlich unruhig, und sie sind es gerade deswegen, weil sie so klein sind. So wie bei allen anderen Sternen findet die Kernfusion auch bei ihnen im Zentrum statt. Nur dort herrschen die Bedingungen, unter denen Atome miteinander verschmelzen können. Und bei dieser Fusion wird Energie frei, die dann nach außen an die Oberfläche und weiter ins Weltall transportiert wird. Bei unserer Sonne passiert das in zwei Phasen: Zuerst ist es tatsächlich hochenergetische elektromagnetische Strahlung, also Licht, das vom Kern aus nach außen strahlt. Das Licht gibt aber bei seinem Weg einen Teil der Energie an die Materie des Sterns ab. Das Gas heizt sich auf, und ab einem gewissen Punkt funktioniert der Prozess ein wenig so wie in einem Kochtopf voller Wasser. Von unten, von der Herdplatte oder eben dem heißen Kern des Sterns, kommt Energie, das Wasser beziehungsweise die Materie des Sterns wird erwärmt und steigt nach oben. Dort kühlt es dann ab und sinkt wieder nach unten, wo es erneut erwärmt wird. Diese Art von Energietransport nennt man »Konvektion«, und die Konvektionszone der Sonne reicht ungefähr 200 000 Kilometer tief. Bei einem Radius von gut 700 000 Kilometern ist darunter noch jede Menge Platz. Aber ein Roter Zwerg ist selbst nur 100 000 Kilometer groß. Diese kleinen Sterne sind daher fast komplett konvektiv, die Konvektionszone reicht also bis fast in den Kern hinein.

Das ist einerseits gut, denn dadurch wird ständig frischer Wasserstoff aus den äußeren Schichten hinuntertransportiert, wo er für die Kernfusion zur Verfügung steht. Genau deswegen können Rote Zwerge auch so lange leben: Der Brennstoff geht ihnen im Gegensatz zu den großen Sternen erst viel später aus.

Die Konvektion bei einem Stern wie der Sonne reicht einfach nicht tief genug, um Wasserstoff für die Kernfusion nachzuliefern. Andererseits ist das ganze Material, aus dem ein Roter Zwerg besteht, durch die Konvektion auch ständig in Bewegung. Oder, um beim Bild des Kochtopfs zu bleiben: Es brodelt dort sehr viel heftiger. Das ist vor allem deswegen problematisch, weil es in einem Stern ja so heiß ist, dass die Elektronen nicht an ihre Atomkerne gebunden sind. Es sausen also überall elektrisch negativ geladene Teilchen und elektrisch positiv geladene Kerne herum, und durch diese Bewegung entstehen sehr komplexe elektrische und magnetische Felder. Die genauen Vorgänge sind noch nicht vollständig verstanden. Aber je verwirbelter die Magnetfelder sind, desto größer ist die Chance, dass es zu einer Art Kurzschluss kommt, bei dem gewaltige Mengen an Energie und auch Gas aus dem Stern ins All geschleudert werden. Und bei einem heftig brodelnden Roten Zwerg passiert so etwas viel öfter und in stärkerem Ausmaß als bei einem leicht simmernden Stern wie unserer Sonne. Sie hat zwar trotzdem ab und zu ein paar Ausbrüche, aber in den meisten Fällen stellen sie keine Gefahr für das Leben auf der Erde dar. Im besten Fall führen sie nur dazu, dass wir wirklich beeindruckende Polarlichter sehen können. Befände die Erde sich aber näher an der Sonne, könnten auch ihre vergleichsweise moderaten Ausbrüche gefährlich für uns werden.

Will man nun auf einem Planeten leben, der einen Roten Zwerg umkreist, dann hat man keine andere Wahl, als nahe an ihn heranzurücken. Er ist ja deswegen rot, weil er kühl ist, für lebensfreundliche Temperaturen darf er also nicht zu weit entfernt sein. Jeder Planet, der einem Roten Zwerg so nahe ist, dass auf seiner Oberfläche Leben (wie wir es kennen) möglich ist, wäre auch dessen starken und häufigen Kurzschlüssen schutzlos ausgesetzt. Das muss nicht bedeuten, dass Leben dort prinzipiell nicht existieren kann. Aber Rote Zwerge sind – trotz ihrer langen Lebensdauer – nicht die beste Wahl.

Was schade ist, denn es gibt wirklich viele von ihnen. Die großen und heißen Sterne vom Spektraltyp O, B und A sind vergleichsweise selten. Sie machen zusammen weniger als 1 Prozent aller Sterne aus. Sonnenähnliche Sterne vom Spektraltyp F oder G sind mit einem Anteil von knapp 10 Prozent schon häufiger. Die Orangen Zwerge vom Spektraltyp K stellen dagegen alleine schon 12 Prozent, und die Roten Zwerge bilden mit mehr als 75 Prozent die absolute Mehrheit. Vereinfacht gesagt: So gut wie alle Sterne im Universum sind Rote Zwerge, und es ist ein bisschen schade, dass sie für die Existenz von Leben nicht so gut geeignet scheinen.

Rote Zwerge leben lange, aber sind unruhig. Gelbe Sterne wie die Sonne sind ruhig, aber haben eine vergleichsweise kurze Lebensdauer. Die blauen und weißen Sterne sind so selten und leben so kurz, dass wir sie komplett ignorieren können. Bleiben die Orangen Zwerge – und die könnten tatsächlich die idealen Orte für die Existenz von (und damit auch die Suche nach) Leben sein. Die amerikanischen Astronomen Edward Guinan und Scott Engle haben sich die Lage in einem Projekt mit dem passenden Namen »GoldiloKs« angesehen.* Sie haben gut tausend Orange Zwergsterne in einem Umkreis von hundert Lichtjahren um die Sonne hinsichtlich ihrer Strahlungsausbrüche untersucht (und zuvor ähnliche Forschung bei Gelben und Roten Zwergen durchgeführt). Ihr Fazit: Die Orangen Zwerge sind

* Eine Anspielung auf das Märchen »Goldlöckchen und die drei Bären«, in dem es ja bekanntlich auch darum geht, immer das zu finden, was »genau richtig« ist.

»die beste aller Welten«. Man würde dort deutlich weniger unter Strahlungsausbrüchen leiden als bei einem Roten Zwergstern. Gleichzeitig beträgt die Lebensdauer einer orangen Sonne zwar keine Billionen von Jahren, sie bietet ihren Planeten aber trotzdem deutlich länger lebensfreundliche Bedingungen, als es die Sonne bei unserer Erde tut. Und es gibt sehr viel mehr Sterne dieser Art, als es sonnenähnliche Sterne gibt. Wir müssen uns vielleicht damit abfinden, dass wir mit dem Sonnensystem zwar ein ganz anständiges Zuhause, aber keine Premium-Immobilie in der Milchstraße bekommen haben. Aber wer weiß – vielleicht finden wir in Zukunft ja doch noch einen Weg, um zwischen den Sternen zu reisen, und können es uns unter dem Licht einer orangen Sonne gemütlich machen, wenn hier bei uns das Licht ausgeht.

GRÜN

Über kleine grüne Männchen und die Spannung zwischen Science und Fiction. Über sterbende Sterne und leuchtende Nebel. Über grüne Erbsen, den spektakulären Tanz der Galaxie, geheimnisvolles grünes Licht und die Liebe.

Grün ist eine seltsame Farbe. Ich weiß, dass ich das zu Beginn des letzten Kapitels auch über Orange gesagt habe. Aber dort war nur der Name der Farbe seltsam. Bei Grün liegt die Sache anders. Einerseits ist es eine Farbe, die wir, geprägt von Science-Fiction und anderen Fantasien rund um die Raumfahrt, sehr gerne direkt mit dem Weltraum verbinden. Wir stellen uns die »kleinen grünen Männchen« vom Mars vor oder grüne Echsenwesen. Andererseits ist Grün eine Farbe, die am realen Himmel vergleichsweise selten vertreten ist. Egal wie lange man sucht, man wird dort draußen keinen grün leuchtenden Stern finden. Warum das so ist, wissen wir schon aus den Ausführungen über die gelbe Sonne. Ein Stern kann nicht grün sein, weil er ein Schwarzer Körper ist und sein Licht deswegen nur als Mischung abgeben kann. Und dieses Mischlicht ist zwangsläufig weiß-gelblich, wenn das Maximum der Abstrahlung im grünen Bereich liegt.

Das bedeutet aber nicht, dass im All gar nichts grün leuchten kann. Es kann dann eben nur kein Stern sein. Werfen wir dazu einen Blick in Richtung des Sternbilds Schild. Und keine Sorge, falls es Ihnen unbekannt sein sollte. Es ist, mit bloßem Auge betrachtet, ziemlich unscheinbar. Von Mitteleuropa aus kann man es nur im Sommer sehen, und auch dann wird man darin keine hellen Sterne finden. Seinen Namen trägt dieser Abschnitt des Himmels erst seit dem späten 17. Jahrhundert, als der polnische Astronom Johannes Hevelius es in eine seiner Sternkarten eingezeichnet hat, um damit den polnischen König Jan III. Sobieski zu würdigen, der bei der »Schlacht am Kahlenberg« nicht nur die türkische Belagerung von Wien durchbrochen, sondern dabei vermutlich auch den einen oder anderen Schild eingesetzt hat.

Um Schlachten oder Schilder am Himmel zu sehen, braucht man jede Menge Fantasie – mit einem ausreichend guten Teleskop kann man dort jedoch ein Objekt beobachten, das die uninspirierte Bezeichnung »IC 1295« trägt. Was klingt, als sollte es in einem Zugfahrplan stehen, ist in Wahrheit der 1295. Eintrag im »Index Katalog«, der gleich ein weiteres Beispiel für die manchmal überraschend trockene Namensgebung in der Astronomie darstellt. Mit vollem Namen heißt diese Datenbank »Index Catalogue of Nebulae und Clusters of Stars«, und bevor die Angelegenheit schon zu Beginn dieses Kapitels zu trocken wird, gehen wir lieber gleich zu dem realen Objekt über, das sich hinter Katalogeintrag Nummer 1295 verbirgt.

Es handelt sich um einen planetarischen Nebel, der in einem außerordentlich schönen grünen Licht leuchtet. Und auch wenn es mir sehr leidtut, müssen wir uns gleich ein weiteres Mal mit der astronomischen Namensgebung beschäftigen. Denn ein »planetarischer Nebel« hat nichts mit Planeten zu tun. Der Name ist eigentlich ein Missverständnis: Als man diese Objekte entdeckte und das erste Mal im Teleskop beobachtete, sah man kugelförmige, neblige Dinger, die ein bisschen an Gasplaneten erinnerten. So ähnlich sah auch der Planet Uranus im Teleskop von Wilhelm Herschel aus, als der ihn im 18. Jahrhundert entdeckt hat, und Wilhelm Herschel war es auch, der deswegen die

Bezeichnung »Planetarischer Nebel« eingeführt hat. Damals wusste man tatsächlich noch nicht, was man da genau vor sich hatte, und insofern kann man die Wahl der Bezeichnung kaum kritisieren. Aber dank unserer sehr viel besseren Teleskope wissen wir heute sehr gut, worum es sich bei diesen Objekten handelt und dass sie mit Planeten nichts zu tun haben. Aber wie so oft in der Astronomie gilt auch hier: Wenn ein Name sich erst mal etabliert hat, dann wird er auch nicht mehr geändert, selbst wenn man weiß, dass er falsch ist.

Ein planetarischer Nebel ist das, was ein Stern wie unsere Sonne produziert, wenn er sich dem Ende seines Lebens nähert. Ich habe im letzten Kapitel erklärt, wie sich Sterne dieser Art aufblähen, weil sich die Kernfusionsprozesse in ihrem Inneren verändern. Die Erhöhung des Strahlungsdrucks aus dem Kern sorgt dafür, dass sich die äußeren Schichten des Sterns weiter nach außen schieben und am Ende vom Stern lösen und ins All hinausgepustet werden. Das passiert nicht nur einmal, sondern immer wieder und immer dann, wenn im Inneren des Sterns eine neue Art von Kernfusionsprozess einsetzt. Diese Gasschichten entfernen sich vom Stern, breiten sich aus und »verwirbeln« dabei unter Umständen auch. Denn im Weltall weht zwar kein Wind wie der, der auf der Erde die Wolken am Himmel durcheinanderbringt, aber auch die Strahlung eines Sterns kann auf ähnliche Weise wirken, wenn die energiereichen Lichtteilchen auf die Atome der Gasschichten treffen.

Dieser langsame Tod eines Sterns, der sich Stück für Stück auflöst, ist ein faszinierender Vorgang, aber einer, von dem man vorerst noch nicht viel mitbekommt. Denn wenn sich die Gasschichten im All ausbreiten, kühlen sie dabei auch ab und leuchten nicht. Sie können wieder zu leuchten beginnen, wenn der Stern in ihrer Mitte gegen Ende seines Lebens immer stärkere

Strahlung produziert. Jetzt passiert das, was wir im Kapitel über die Farbe Gelb schon besprochen haben: Die Atome in den Gasschichten werden durch die energiereiche Strahlung des Sterns angeregt und ionisiert. Dadurch geben sie selbst Licht ab, so wie ein Meteoroid die Atmosphäre der Erde zum Leuchten bringen kann. Und wie im Fall des bunten Lichts der Sternschnuppen leuchtet der planetarische Nebel in den Farben, die den chemischen Elementen entsprechen, aus denen das Gas besteht. Das meiste davon ist natürlich Wasserstoff, denn dieses Element ist der Hauptbestandteil aller Sterne. Aber da der Stern zu diesem Zeitpunkt schon am Ende seines Lebens angelangt ist, hat er auch jede Menge andere Elemente erzeugt, die er jetzt ebenfalls hinaus ins All pustet. Eines davon, das auch unsere Sonne in ihrem Inneren produzieren wird, wenn sie in ein paar Milliarden Jahren ihrem Ende zugeht, ist Sauerstoff. Und wenn man Sauerstoff zum Leuchten anregt, dann glimmt er grün.

Astronominnen und Astronomen haben mittlerweile schon jede Menge planetarische Nebel beobachtet, und die Vielfalt ihrer Farben und Formen ist überraschend und beeindruckend. Jedes chemische Element erzeugt seine eigenen Farben, die Strahlung des Sterns und die spezielle Art und Weise, wie er seine Schichten abstößt, sorgen für Strukturen, die an bunte Ringe erinnern, an Schmetterlinge, Quallen oder Blumen. IC 1295 ist in der Hinsicht relativ unscheinbar, man erkennt einfach nur einen grünen Blob. Aber es ist ein Blob, der so grün ist wie kaum ein anderer planetarischer Nebel. Das liegt vermutlich daran, dass der Stern in seiner Mitte extrem hochenergetische Strahlung abgibt, die besonders gut darin ist, den Sauerstoff zu ionisieren. Die Dichte des Gases scheint gerade richtig zu sein, um das grüne Licht gut passieren zu lassen und hervorzuheben, und es dürfte sich nicht zu viel Staub im Nebel befinden, der es abschwächen könnte. Es gibt weniger Material als bei anderen Nebeln, die rotes Licht abgeben, um so die strahlend grüne Erscheinung von IC 1295 zu schwächen.

Die planetarischen Nebel gehören zu den farbenfrohesten Objekten im Universum. Wenn man im All etwas grün leuchten sehen möchte, wird man dort mit Sicherheit fündig. Aber man sollte sich beeilen. Denn im Gegensatz zur relativen Beständigkeit der Sterne sind die planetarischen Nebel flüchtig. Auch wenn sie auf den Bildern ruhig aussehen, handelt es sich dabei in Wahrheit um Gasmassen, die mit enormem Tempo auseinanderfliegen. Sie verteilen sich mit einer Geschwindigkeit von einigen Kilometern pro Sekunde im All, und irgendwann sind sie zu weit weg, um von der Strahlung des Sterns noch zum Leuchten angeregt werden zu können. Ein paar Zehntausend Jahre höchstens, dann ist das Spektakel vorbei, und der sterbende Stern hat seine ehemals leuchtenden Eingeweide zu weit im Universum verteilt. Aber es gibt da draußen ja noch genug andere Sterne, die alle früher oder später ihr Leben auf diese Art beenden und uns dabei mehr Farben zeigen, als sie es während ihres langen Lebens getan haben.

Planetarische Nebel wie IC 1295 gehören zu den wenigen Objekten im Universum, die tatsächlich grün leuchten. Es sind aber nicht die einzigen. Mit sehr guten Teleskopen, die sehr weit hinaus ins All blicken und Licht registrieren können, das unter Umständen Milliarden von Jahren bis zu uns unterwegs war, können wir grünes Licht sehen, das nichts mit dem Tod von Sternen zu tun hat, sondern mit ihrer Entstehung. Mehr noch: mit der Entstehung ganzer Galaxien in der Frühzeit des Universums. Und als Bonus zeigt uns die Geschichte dieser grünen Galaxien auch noch, dass man kein Astronomiestudium absolviert haben muss, um spektakuläre Entdeckungen zu machen.

Als Edwin Hubble in den 1920er-Jahren herausfand, dass es neben unserer Milchstraße noch andere Galaxien im Universum geben muss und dass sie sich alle voneinander entfernen, gelang ihm das anhand der Rotverschiebung ihres Lichts. Aber wie im Kapitel über die Farbe Rot erklärt, bezieht sich die Rotverschiebung auf die Position der dunklen Linien im Spektrum des Lichts, nicht auf die Farbe der Objekte selbst. Hubble hat bei seinem Blick durch das Teleskop also keinen Himmel voller roter Galaxien gesehen. Aber natürlich haben auch diese Objekte eigene Farben, und daraus lässt sich einiges über ihre Vergangenheit erfahren. Das Licht einer Galaxie setzt sich aus dem Licht all der Sterne zusammen, aus denen sie besteht, und die Farbe der Sterne hängt unmittelbar mit ihrer Lebensdauer zusammen, wie wir bereits gehört haben. Helle und große Sterne, die blau und weiß leuchten, leben nur kurz, wohingegen die kleinen Gelben und Roten Zwerge sehr, sehr lange existieren können. Nehmen wir fürs Erste nun einmal an, dass alle Sterne, aus denen eine Galaxie besteht, zum selben Zeitpunkt entstehen. Das ist zwar nicht ganz korrekt, stört aber im vorliegenden Fall nicht weiter. In so einer jungen Galaxie wird es große und kleine Sterne geben; die Sterne werden die gesamte Hauptreihe besetzen und in allen ihnen möglichen Farben leuchten. Und weil die großen Sterne die größte Leuchtkraft haben, überstrahlt ihr blau-weißliches Licht tendenziell das viel schwächere rötliche Leuchten der Zwergsterne. Eine junge Galaxie wird uns also eher bläulich erscheinen. Aber nach ein paar Millionen Jahren sind die hellen Sterne auch schon wieder am Ende ihres Lebens angekommen. Ihr blaues Licht erlischt, und das rote Leuchten der kleineren Sterne beginnt zu dominieren. Je älter eine Galaxie, desto rötlicher wird sie für uns aussehen.

Dieses Bild der Sternentwicklung einer Galaxie ist zwar nicht völlig falsch, aber wie vorhin erwähnt, auch stark vereinfacht. Es stimmt zwar, dass in einer jungen Galaxie sehr viel mehr Sterne entstehen als in einer alten Galaxie wie unserer Milchstraße. Während in einer jungen Galaxie 100 oder noch viel mehr Sterne pro Jahr entstehen können, liegt die Sternentstehungsrate in der Milchstraße heute nur noch bei ein bis zwei neuen Sternen pro Jahr. Es bilden sich also weniger Sterne als früher, aber die Sternentstehung kommt nicht völlig zum Erliegen. Es gibt allerdings auch Prozesse, die dafür sorgen können, dass die Produktion neuer Sterne plötzlich wieder an Fahrt aufnimmt.

Zum Beispiel dann, wenn zwei Galaxien miteinander kollidieren. Seit Edwin Hubble wissen wir zwar, dass sich alle Galaxien voneinander entfernen. Das gilt aber genau genommen nur auf sehr großen Maßstäben und nicht für benachbarte Galaxien. Hier kann die Anziehungskraft zwischen den beiden Objekten stärker sein als die Expansion des Raums, die sie auseinandertreiben will. Die Andromedagalaxie ist mit einem Abstand von nur 2,5 Millionen Lichtjahren die uns nächstgelegene große Galaxie. Und sie bewegt sich mit einer Geschwindigkeit von mehr als 100 Kilometern pro Sekunde auf uns zu. Früher oder später werden die beiden aufeinandertreffen (wobei »früher« hier mindestens ein paar Milliarden Jahre bedeutet). Die Milchstraße hat einen Durchmesser von gut 100 000 Lichtjahren und besteht aus 100 bis 200 Milliarden Sternen. Die Andromedagalaxie ist ein wenig größer und enthält doppelt so viele Sterne, ist der Milchstraße aber ansonsten ziemlich ähnlich. Was passiert, wenn zwei so gewaltige Systeme aus Sternen kollidieren?

Auf den ersten Blick überraschend wenig. Denn zwischen den Sternen ist ja jede Menge Platz. Es gibt keine Kollision im eigentlichen Sinn, sondern die beiden Galaxien durchdringen und vermischen sich. Der genaue Ablauf einer solchen galaktischen Verschmelzung ist komplex, dauert viele Milliarden Jahre und findet in mehreren Phasen statt, bei denen sich die Galaxien annähern, durchdringen, wieder voneinander entfernen, sich erneut nähern und ein weiteres Mal aufeinandertreffen und so weiter. Dieser lange kosmische Tanz hat Einfluss auf die Form der Galaxien. Sowohl Milchstraße als auch Andromeda sind sogenannte Spiralgalaxien, das heißt, die Sterne bilden spiralförmige Strukturen, die von einem kugelförmigen Zentralbereich ausgehen. Noch sieht das bei Andromeda und Milchstraße recht ordentlich aus, aber nach den ersten paar Durchdringungen werden die schönen Spiralarme ziemlich durcheinandergebracht worden sein. Und am Ende, wenn die beiden Galaxien komplett miteinander verschmolzen sind, wird von der ästhetisch ansprechenden Spiralstruktur gar nichts mehr übrig bleiben. Milchstraße und Andromeda werden eine »elliptische Galaxie« bilden, also im Wesentlichen einen sehr großen, kugelförmigen Haufen aus Sternen.

Was wir bei dieser ganzen galaktischen Kollision bis jetzt ignoriert haben, ist das, was sich neben den Sternen außerdem noch in einer typischen Galaxie befindet. Der Raum zwischen den Sternen ist zwar tendenziell leer, aber nicht komplett. Es gibt dort zum Beispiel jede Menge riesige kosmische Wolken aus Gas und Staub. Das sind genau die Regionen und das Material, aus denen neue Sterne überhaupt erst entstehen können. Dafür müssen diese Wolken aber zuerst unter ihrer eigenen Gravitationskraft in sich zusammenfallen und so kompakt werden, dass Druck und Temperatur in ihrem Inneren ausreichend groß für das Einsetzen der Kernfusion sind. Damit das passiert, braucht die Wolke einen passenden Anreiz, und die Kollision zweier Galaxien eignet sich wunderbar dafür. Wenn die Sterne bei den wiederholten Durchdringungen wild durcheinanderwirbeln, wird natürlich auch das interstellare Gas der Galaxien mit in diesen Tanz hineingezogen. Ein Teil davon kollabiert und bildet auf einen Schlag jede Menge neue junge Sterne. Ein anderer Teil wird vielleicht komplett aus den verschmelzenden Galaxien hinausgeschleudert. So oder so: Wenn zwei Spiralgalaxien erst einmal zu einer elliptischen Galaxie verschmolzen sind, ist der Großteil des interstellaren Gases verbraucht. Während der Kollision gibt es noch einmal einen großen Schub, und jede Menge neue Sterne werden geboren. Aber dann ist Schluss. Und deswegen leuchten elliptische Galaxien im roten Licht der alten Sterne, während aus den Spiralgalaxien auch noch das Weiß-Blau der Jugend strahlt.

Sehr kurz zusammengefasst: Elliptische Galaxien sind alt und rot, Spiralgalaxien sind jung und blau. Das dachte man zumindest lange Zeit, so lange jedenfalls, bis Kevin Schawinski, Doktorand an der Universität Oxford, im Jahr 2007 noch einmal genau nachgesehen hat. Er war skeptisch, ob diese Rot-Blau-Trennung zwischen elliptischen und Spiralgalaxien wirklich zutrifft. Sein Ansatz war einfach und direkt: Er sah sich Aufnahmen von Galaxien aus dem Sloan Digital Sky Survey (SDSS) an, einer umfangreichen Durchmusterung eines großen Teils des Himmels mit Daten von Hunderttausenden Sternen und Galaxien. Die Farben der Galaxien waren Teil der Datensammlung. Um aber auch ihre Formen zu bestimmen, musste Schawinski jede Aufnahme einzeln betrachten und entscheiden, ob es sich um eine elliptische oder Spiralgalaxie handelt. In einer sehr arbeitsintensiven Woche konnte er auf diese Weise 50 000 Galaxien abarbeiten. Im SDSS-Katalog waren aber noch fast 900 000 weitere zu finden. Um sie alle zu untersuchen, hätte Schawinski monatelang Bilder von Galaxien anstarren müssen, wozu er weder die Lust noch das Durchhaltevermögen hatte. Bei einem Besuch im Pub erzählte er seinem Freund und Kollegen Chris Lintott von dem Problem, und nach dem einen oder anderen Bier fiel ihnen eine Lösung ein. Anstatt die Aufnahmen der Galaxien selbst zu analysieren, könnte man doch einfach andere Leute bitten, die Arbeit zu machen. Man braucht nicht Astronomie studiert zu haben, um eine elliptische von einer Spiralgalaxie unterscheiden zu können. Das kriegen Laien genauso gut hin wie die Expertinnen und Experten, dachten sich Schawinski und Lintott. Gemeinsam mit ein paar Freunden programmierten sie kurzerhand eine Homepage, mit der sie ihren Plan umsetzen konnten. Am 11. Juli 2007 ging das Projekt »Galaxy Zoo« online. Die BBC berichtete darüber, und so viele Menschen waren begeistert davon, sich als Citizen Scientists an echter astronomischer Forschung beteiligen zu können, dass die Seite wenige Stunden nach dem Start kollabierte.

Das Problem konnte schnell behoben werden, und schon einen Tag später klassifizierten Menschen aus aller Welt mit großer Begeisterung Galaxien. Diese globale Gemeinschaft an Freiwilligen schaffte 70 000 Bilder – und zwar pro Stunde. Und auch wenn die Beteiligung nach den ersten Tagen wieder sank, waren die Galaxien des SDSS erstaunlich schnell abgearbeitet. Das Ergebnis: Elliptische Galaxien müssen nicht zwangsläufig alt und rot sein. Auch in ihnen entstehen immer wieder junge Sterne. Die Gründe dafür sind spannend und vielfältig.* Aber in

* Eine elliptische Galaxie kann zum Beispiel mit einer gasreichen, jungen Spiralgalaxie kollidieren und so neues Material für die Sternentstehung bekommen. Es kann auch Gas von außerhalb der Galaxie in ihr Inneres gelangen, die hochenergetischen Prozesse rund um das Schwarze Loch im Zentrum einer Galaxie können die Sternentstehung anregen, und so weiter.

dieser Geschichte geht es ja eigentlich nicht um rote und blaue Galaxien, sondern um solche, die grün leuchten, und in diesem Zusammenhang ist es sehr viel spannender, was im »Galaxy Zoo« als Nächstes passierte.

Die Aufgaben, die die Freiwilligen erledigen sollten, waren auf den ersten Blick nicht anspruchsvoll. Elliptische von Spiralgalaxien unterscheiden, die Ausrichtung der Spiralarme einer Galaxie bestimmen und so weiter. Es waren Aufgaben, für die man keine besondere wissenschaftliche Ausbildung benötigt und die meist durch einen kurzen Blick auf die Bilder erledigt werden konnten. Man könnte meinen, dass man so etwas doch besser durch einen Computer erledigen lassen sollte, anstatt Menschen damit zu befassen. Und heute wären die diversen KI-Programme dazu vielleicht auch in der Lage. Damals aber waren Menschen immer noch besser und schneller darin, visuelle Informationen dieser Art zu erfassen, als ein Computer. Und ein Computer hätte vermutlich auch nie die grünen Galaxien entdeckt. Denn so wie Henrietta Swan Leavitt und die anderen menschlichen Computer, die im frühen 20. Jahrhundert auf eine ähnliche Weise zur Auswertung astronomischer Daten eingesetzt wurden, fingen auch die Freiwilligen des »Galaxy Zoo« an, genauer darüber nachzudenken, was sie da taten. Sie waren nicht nur menschliche Bilderkennungssysteme, sondern darüber hinaus auch neugierig. Sie konzentrierten sich nicht nur auf ihre eigentliche Aufgabe der Galaxienklassifikation, sondern sahen nach, was es auf den Bildern sonst noch so zu entdecken gab.

Am 28. Juli 2007 postete einer dieser Freiwilligen im für alle zugänglichen Internetforum von »Galaxy Zoo« das Bild einer kleinen, unscheinbaren grünen Galaxie und merkte an, dass es doch ein wenig seltsam sei, dass eine Galaxie eine solche Farbe aufwies. In den nächsten Wochen fügten andere User ihre eigenen Entdeckungen solcher grün leuchtenden Galaxien hinzu. Hanny van Arkel, eine Lehrerin aus den Niederlanden, die sich ebenfalls bei »Galaxy Zoo« beteiligte, taufte die seltsamen Objekte »Green Peas«, also »grüne Erbsen«. Danach geschahen zwei Dinge: Zuerst einmal das, was immer passiert, wenn sich Nerds im Internet treffen – man überbot sich in schlechten Wortspielen. Hanny van Arkel forderte »Give peas a chance« und plädierte für eine genauere Untersuchung der Erbsen. Man bildete ein »Peas Corps«, während andere mit »Peas stop« um ein Ende der Witze baten. Aber während dieses Rumgealberes sammelten die Freiwilligen immer mehr Bilder der seltsamen grünen Erbsen. Viele davon konnten schnell als normale Sterne identifiziert werden, die aus diversen Gründen auf den Bildern grünlich erschienen. Aber bei ein paar Dutzend handelte es sich tatsächlich um weit entfernte Galaxien, die von einem heißen, leuchtenden Gas umgeben waren. Im Dezember 2007 wurde dann auch Kevin Schawinski auf die Diskussion um die Erbsen aufmerksam und entschied, sich die Sache gemeinsam mit seiner Kollegin Carolin Cardamone genauer anzusehen. Sie analysierten die vom »Peas Corps« zusammengetragenen Bilder im Detail und fanden heraus, dass es sich bei den Erbsen um eine bisher unbekannte Art von Galaxie handeln muss.

Es sind kleine, kompakte Zwerggalaxien mit einer sehr hohen Sternentstehungsrate. Ihr Durchmesser beträgt nur wenig mehr als 10 000 Lichtjahre; sie sind also nur ein Zehntel so groß wie unsere Milchstraße und enthalten auch nur ein paar Milliarden Sterne anstatt der Hunderten Milliarden, die wir in großen Galaxien wie der Andromeda finden können. Und im Gegensatz zu dem einen oder den zwei Sternen, die bei uns im Schnitt pro Jahr entstehen, sind es in den Erbsengalaxien bis zu 30 neue Sterne pro Jahr. Diese vielen jungen Sterne erzeugen sehr viel hochenergetische Strahlung, die die Gaswolken zwischen den Sternen zum Leuchten bringt. Von dort kommt auch das grüne Licht, das, so wie bei den planetarischen Nebeln, durch angeregte und ionisierte Sauerstoffatome erzeugt wird.

Dass gerade diese Erbsen so grün leuchten und andere Galaxien das nicht tun, hat mehrere Gründe. Einer davon ist eher technisch: Wie im Kapitel über die Farbe Orange beschrieben, sind astronomische Aufnahmen nie ein exaktes Abbild der Realität. Sie werden aus digitalen Daten zusammengesetzt, die von der Messung der Strahlungsintensität mit verschiedenen Filtern stammen. Und einer der Filter, mit dem die Aufnahmen des SDSS-Katalogs erstellt wurden, liegt genau in dem Bereich, in dem auch der ionisierte Sauerstoff sein Licht aussendet. Die anderen Gründe für das grüne Licht haben jedoch mit der einzigartigen Natur der Erbsengalaxien selbst zu tun. Sie sind klein, enthalten vergleichsweise wenige Sterne und haben eine geringe Metallizität. Dieser astronomische Fachbegriff ist leider ein wenig missverständlich. Genauso wenig wie »planetarische Nebel« etwas mit Planeten zu tun haben, hängt Metallizität auch nicht mit Metallen zusammen. Beziehungsweise nur dann, wenn man die speziell astronomische Verwendung des Wortes »Metall« zugrunde legt, die mit dem alltäglichen Gebrauch nichts zu tun hat. »Metalle« nennt man in der Astronomie die Gesamtheit aller chemischen Elemente, mit Ausnahme von Wasserstoff und Helium. Die überwiegende Mehrheit der Materie im Universum besteht aus diesen beiden Elementen, und nur sie sind bereits direkt nach dem Urknall entstanden; alle anderen Elemente können nur durch die kernphysikalischen Vorgänge in Sternen gebildet werden. Aus Sicht des ganzen Universums ist das, was kein Wasserstoff und kein Helium ist, so wenig, dass man es quasi als Verunreinigung betrachten kann. Wenn man beschreiben will, wie Sterne oder Galaxien zusammengesetzt sind, ist es deswegen auch in den meisten Fällen nicht nötig, alle Elemente aufzulisten. Es reicht zu wissen, wie viel Wasserstoff, wie viel Helium und wie viel »Sonstiges« es gibt. Dass man diesen Rest mit dem missverständlichen Wort »Metalle« bezeichnet hat, ist etwas unglücklich, hat aber, wie so oft in der Astronomie, historische Gründe.

Zurück zu den Erbsen: Diese Galaxien enthalten wenig Metalle, also wenig Elemente, die kein Wasserstoff und kein Helium sind. Eine geringe Metallizität verhindert allerdings auch, dass sich das Gas zwischen den Sternen effektiv abkühlen kann. Es mag auf den ersten Blick nicht sofort ersichtlich sein, warum Metalle beim Abkühlen helfen. Aber mit dem Wissen über die Entstehung der Absorptions- und Emissionslinien aus dem Kapitel über die Farbe Gelb ist es leicht zu verstehen. Das Gas muss ja irgendwie Energie loswerden, wenn es abkühlen will, und es muss die Energie in Form von Strahlung abgeben. Strahlen können die Atome des Gases aber nur, wenn sie entsprechend angeregt werden. Leichte Elemente wie Helium und Wasserstoff haben nur wenig Elektronen in ihrer Hülle und damit wenig Möglichkeiten für Anregung. Schwerere Elemente mit sehr viel mehr Elektronen können auch auf sehr viel mehr Arten angeregt werden und damit auch mehr Energie abstrahlen. Im Gas der grünen Erbsen ist die Metallizität aber gering, und die Kühlungsmöglichkeiten sind schlecht. Das führt einerseits dazu, dass auch die Sterne in diesen Galaxien, deren Metallizität ebenfalls gering ist, heißer sind als anderswo und dadurch mehr hochenergetische Strahlung abgeben. Andererseits bewegen sich aber auch die Teilchen in den kosmischen Wolken zwischen den Sternen durch die hohen Temperaturen sehr schnell.

Wie hängt das alles mit dem grünen Licht zusammen? Dazu müssen wir einen genaueren Blick auf seine Entstehung werfen. Bei grünem Licht handelt es sich vor allem um die Emission von zweifach ionisiertem Sauerstoff. Das bedeutet, dass wir zuerst einmal Sauerstoffatome brauchen, die zwei ihrer normalerweise sechs Elektronen verloren haben. Bei den grünen Erbsengalaxien wird das durch die hochenergetische Strahlung der jungen Sterne erledigt, die besonders gut darin ist, den Elektronen des Sauerstoffs die nötige Energie zu liefern, um sich von ihren Atomkernen zu lösen. Wenn der so ionisierte Sauerstoff dann auf die richtige Weise angeregt wird, kann er Licht bei einer Wellenlänge von 500,7 Nanometern abgeben, was im grünen Bereich des Spektrums liegt. Es ist aber gar nicht so einfach, die Sauerstoff-Ionen dazu zu bringen, denn es handelt sich bei dem dafür nötigen Prozess um etwas, das in der Astronomie als ein »verbotener Übergang« bezeichnet wird. Natürlich ist er nicht wirklich verboten, der Sauerstoff verstößt dabei weder gegen irgendwelche Naturgesetze, noch muss er mit einem Strafzettel von der Spektrallinien-Polizei rechnen. »Verboten« bedeutet in diesem Zusammenhang eigentlich nur »sehr, sehr unwahrscheinlich«.

Das Ganze läuft so ab: Ein zweifach ionisiertes Sauerstoffatom fliegt durch die Wolke aus heißem, kosmischem Gas. Irgendwann trifft es dabei zufällig auf ein freies Elektron, das dort ebenfalls herumfliegt. Es gibt genug davon, denn nachdem die Strahlung der jungen Sterne den Sauerstoff ionisiert, also Elektronen aus seiner Hülle gelöst hat, können die sich ja nicht einfach in Luft auflösen. Wenn die beiden jetzt also aufeinandertreffen, wird durch den Zusammenstoß Energie vom Elektron auf das Sauerstoffatom übertragen, und es kann auf eine ganz spezielle Weise angeregt werden. Die Energie dieser Anregung kann der zweifach ionisierte Sauerstoff jetzt in Form von grünem Licht abgeben. Aber nur, wenn man ihm genug Zeit dafür lässt. In der Atmosphäre der Erde befindet sich ja auch jede Menge Sauerstoff, und es gibt genügend andere Teilchen für potenzielle Kollisionen. Trotzdem leuchtet der Himmel deswegen nicht grün. Das liegt gerade daran, dass es in der Erdatmosphäre so viele Teilchen gibt (und zudem daran, dass zum Glück nicht allzu viel der für eine Ionisierung nötigen hochenergetischen Strahlung aus dem All durch die Erdatmosphäre dringen kann). Selbst wenn ein Sauerstoffatom durch eine Kollision auf die richtige Weise angeregt wird, um grün leuchten zu können, wird es sofort danach bei einer weiteren Kollision sozusagen wieder »abgeregt«. Es wird die Anregungsenergie also durch den Zusammenstoß los, anstatt sie in Form von Strahlung abgeben zu können. Das Gas einer kosmischen Wolke ist allerdings sehr viel weniger dicht als die Atmosphäre der Erde. Dort kann der zweifach ionisierte Sauerstoff seine Anregung in Ruhe durch grünes Leuchten loswerden.

In den grünen Erbsen gibt es also heiße, junge Sterne, die viel Energie abstrahlen. Sie ionisieren dadurch den Sauerstoff im Gas zwischen den Sternen. Dieses Gas hat eine geringe Metallizität, weswegen es heiß ist. Dadurch sind auch die freien Elektronen schnell genug, um den Sauerstoff effizient anzuregen. Gleichzeitig ist die Dichte des Gases aber gering genug, damit der Sauerstoff sich durch grünes Leuchten wieder abregen kann. Deswegen wird in den Erbsengalaxien sehr viel grünes Licht erzeugt. Und weil wir es mit kleinen Galaxien mit vergleichsweise wenigen Sternen zu tun haben, wird das grüne Leuchten des Sauerstoffs auch nicht durch andere Farben überstrahlt.

Seit ihrer zufälligen Entdeckung durch die Freiwilligen des »Galaxy Zoo«-Projekts sind die Grünen Erbsengalaxien weiter erforscht worden. Ihr Licht war ein paar Milliarden Jahre bis zu uns unterwegs, und genau so weit blicken wir auch in die Vergangenheit, wenn wir sie betrachten. Wir sehen mit den Grünen Erbsen zwar nicht bis in die ferne Frühzeit des Universums zurück, wo die allerersten Galaxien entstanden sind. Aber sie sind näher am Ursprung als die Galaxien in unserer Nachbarschaft, und sie zeigen uns, wie Galaxien sich in der langen Geschichte des Universums entwickelt haben. Am Anfang stand die Neugier eines Menschen, der das Bild einer Galaxie betrachtet und sich gewundert hat, warum sie grün ist. Das hat zur Entdeckung einer neuen Klasse von Himmelskörpern geführt und zu einem neuen Verständnis der Vorgänge in Galaxien. Wie diese Geschichte endet, ist noch offen. Die Astronomie hat die Grünen Erbsen weiter im Blick.

Was die Astronomie bei ihrer Suche nach grünen Dingen im Universum aber eher nicht finden wird, sind kleine grüne Männchen. Sieht man einmal davon ab, dass es keinen plausiblen Grund gibt, weswegen intelligente außerirdische Lebewesen klein und grün (und noch dazu männlich) sein sollten, ist die Suche nach ihnen deutlich schwieriger als die Fahndung nach Biomarkern, die ich im Kapitel über die Farbe Gelb beschrieben habe. Die Spuren im Licht der fernen Himmelskörper können uns mit etwas Glück sagen, ob es Leben an sich gibt. Oder genauer gesagt: Ob sich irgendwo auf einem der vielen anderen Planeten im Universum Leben entwickelt hat, das so ähnlich funktioniert wie das Leben auf der Erde. Denn es ist natürlich absolut möglich, dass sich Leben anderswo auch ganz anders entwickelt hat und mit den Biomarkern, nach denen wir derzeit Ausschau halten, nicht aufspüren lässt. Solange wir nicht wissen, wie potenzielles »anderes« Leben funktioniert, können wir auch nicht auf wissenschaftlich sinnvolle Weise danach suchen. Und genau das ist auch das Problem, wenn es nicht um Leben an sich geht, sondern um »echte Aliens«, also intelligente, außerirdische Lebewesen. Wir können mit unseren Radioteleskopen ins All hinaus lauschen und darauf hoffen, eine Botschaft zu empfangen, die einen eindeutig intelligenten Ursprung hat. Aber der Weltraum ist groß, und es wäre ein enorm großer Zufall, die Teleskope zufällig zur richtigen Zeit mit der richtigen Frequenz an den richtigen Ort am Himmel zu richten. Aber selbst wenn wir das ignorieren, bleibt auch hier das grundlegende Problem der Andersartigkeit. Wir könnten eine solche Botschaft nur dann als Nachricht intelligenter Lebewesen identifizieren, wenn diese auf dieselbe Weise intelligent sind wie wir. Dabei haben wir selbst noch nicht einmal verstanden, was »Intelligenz« eigentlich genau bedeutet. Wir Menschen definieren uns als intelligent und gestehen den anderen Lebewesen der Erde unterschiedliche Grade an Intelligenz zu. Und das illustriert wunderbar das Problem: Hunde zum Beispiel können enorm schlau sein und beispielsweise als Spürhunde Aufgaben erledigen, bei denen wir Menschen keine Chance gegen sie hätten. Trotzdem ist es schwierig, mit ihnen zu kommunizieren, und wir haben im besten Fall nur eine Ahnung, was sie uns sagen wollen, wenn sie bellen oder sich sonst irgendwie auf Hundeart verhalten. Dass wir überhaupt dazu in der Lage sind, liegt vor allem daran, dass wir gelernt haben, Hunden beizubringen, sich in bestimmten Situationen auf eine nachvollziehbare Weise zu verhalten, und dass wir uns die Welt schon seit ein paar Jahrtausenden mit Hunden teilen. Auf potenzielle Aliens trifft das alles nicht zu. Es ist demnach nicht nur unwahrscheinlich, dass wir überhaupt eine Botschaft von ihnen empfangen; es ist mindestens genauso unwahrscheinlich, dass wir die Botschaft als solche erkennen oder gar verstehen könnten.

Anstatt auf eine Nachricht von Outta Space zu warten, könnten wir natürlich auch versuchen, den Aliens selbst auf die Spur zu kommen. Genauso wie wir durch eine Analyse des Sternenlichts chemische Elemente wie Sauerstoff in der Atmosphäre eines Planeten nachweisen können, können wir das auch mit anderen Atomen und Molekülen tun. Wir könnten zum Beispiel nach Spuren von Fluorchlorkohlenwasserstoffen suchen. Diese Chemikalien sind unter der Abkürzung FCKW in den 1980ern zu zweifelhaftem Ruhm gelangt, als wir feststellen mussten, dass sie die Ozonschicht der Erde zerstören. Es war keine gute Idee, diese Stoffe in großem Maßstab zu produzieren, und glücklicherweise haben wir die Herstellung entsprechend eingestellt. Der relevante Punkt aber ist: FCKW entstehen nicht auf natürliche Weise. Es gibt sie nur, weil wir sie selbst produziert haben. Könnten wir sie in der Atmosphäre eines anderen Planeten nachweisen, dann wäre das ein ziemlich gutes Anzeichen dafür, dass auch dort Wesen leben, die intelligent genug sind, Fluorchlorkohlenwasserstoffe zu produzieren. Aber gleichzeitig auch dumm genug, um sie in die Atmosphäre ihres Planeten zu sprühen. Oder vielleicht sind sie auch nicht dumm – vielleicht ist ihre biologische Komposition, im Gegensatz zu der des Menschen, nicht auf Schutz durch die Ozonschicht angewiesen? Vielleicht hat ihr Planet auch nie eine Ozonschicht gehabt? Vielleicht sind die Aliens so viel intelligenter als wir, dass sie das Problem mit dem Ozon auf völlig andere Weise gelöst haben? Viele weitere Szenarien sind denkbar. Wir haben keine Möglichkeit, die Motivation einer uns völlig fremden Intelligenz nachzuvollziehen.*

* Und vielleicht gibt es ja doch natürliche Prozesse, die FCKW erzeugen, von denen wir bisher nur einfach noch nichts wissen.

Solange wir nicht verstehen, was Intelligenz nicht nur für uns Menschen, sondern ganz grundlegend bedeutet, haben wir keine Ahnung, wie wir danach suchen sollen. Und solange wir nicht verstanden haben, wie Intelligenz entsteht, wissen wir auch nicht, wie vielversprechend diese Suche sein wird. Angesichts der Hunderten Milliarden von Sternen allein in unserer eigenen Milchstraße, die von mindestens ebenso vielen Planeten umkreist werden, und angesichts der Billionen von Galaxien im beobachtbaren Universum ist man geneigt, die Existenz intelligenter Aliens als gesichert anzusehen. Irgendwo auf diesen unzähligen Himmelskörpern muss es doch noch jemanden geben! Aber betrachtet man die Sache mit wissenschaftlicher Nüchternheit, dann ist das ein Trugschluss. Wir wissen nicht, was passieren muss, damit Leben intelligent wird. Das Leben auf der Erde ist vor 3,5 Milliarden Jahren entstanden; mehr oder weniger unmittelbar nachdem unser Planet die für Leben nötigen Bedingungen entwickelt hat. Wenn man will, kann man daraus schließen, dass Leben immer dann entsteht, wenn es die passenden Voraussetzungen dafür gibt. Aber dann hat es fast die gesamten 3,5 Milliarden Jahre bis in die Gegenwart gedauert, bis aus diesem Leben wir Menschen mit unserer Intelligenz hervorgegangen sind. War es nur Zufall, dass es gerade bei uns und zu diesem Zeitpunkt passiert ist? Hätte es auch früher oder später passieren können? Oder muss es so lange dauern? Wir haben keine Antworten auf diese Fragen. Vielleicht ist die Entstehung von Intelligenz extrem unwahrscheinlich, so unwahrscheinlich, dass es auf all den Planeten im Universum bis jetzt nur ein einziges Mal passiert ist, nämlich bei uns auf der Erde. Vielleicht entsteht Intelligenz aber auch leichter, und die Milchstraße ist voll mit intelligenten Zivilisationen. Wir wissen es nicht und können, sofern wir wissenschaftlich seriös sein wollen, auch keine Aussage darüber treffen, wie wahrscheinlich die Existenz »echter« Aliens tatsächlich ist.

Aber wenn es sie tatsächlich geben sollte, dann wäre es überraschend, wenn sie klein und grün wären. Die Idee der »kleinen grünen Männchen« illustriert unseren Umgang mit der Frage nach Außerirdischen sehr gut. Auch wenn wir keine Ahnung haben, wollen wir uns die Aliens trotzdem vorstellen. Wir wollen sie uns als fremde Wesen imaginieren, aber können uns fast schon zwangsläufig nichts vorstellen, das sich wirklich grundlegend von uns unterscheidet. Das Resultat sind Aliens, die eigentlich Menschen sind, nur eben ein bisschen anders, mit bunter Haut oder spitzen Ohren.

Warum die stereotypen Außerirdischen gerade eine grüne Hautfarbe haben, ist nicht eindeutig nachvollziehbar. In den Mythen und Sagen der Menschheitsgeschichte tauchen immer wieder grüne Wesen auf. Mal sind es Monster, mal aber auch Menschen, wie in der berühmten Sage der grünen Kinder von Woolpit. In dieser Legende aus dem England des 12. Jahrhunderts werden in einem Loch im Wald zwei Kinder von grüner Hautfarbe entdeckt, die fremdländische Kleidung tragen und eine unverständliche Sprache sprechen. Erst später, nachdem sie sich an die lokalen Sitten angepasst (und dabei auch ihre grüne Farbe verloren) haben, erzählen sie, dass sie aus einem fremden Land kommen, in dem immer Dämmerlicht herrscht und alle grün sind. Sie sind aus Versehen durch einen mysteriösen Tunnel nach England gelangt. Man kann diese Legende auf alle möglichen Arten interpretieren. Die seriösen Interpretationen sehen darin eine Geschichte über das Aufeinandertreffen von Einheimischen und Fremden und die Probleme der Anpassung an fremde Kulturen. Die unseriösen reichen von abgestürzten Raumschiffen bis zu Zaubertoren in andere Dimensionen.

Auf jeden Fall aber zeigt die Geschichte, dass grüne Wesen schon lange Teil unserer Vorstellungswelt sind und dabei für das standen, was fremd, anders oder sogar nicht menschlich war. Im frühen 19. Jahrhundert hat der amerikanische Autor Washington Irving in seiner Satire »A History of New York« den vom Mond stammenden »Lunatics« eine grüne Hautfarbe gegeben, um sie von den Menschen der Erde abzugrenzen. 1899 erschien in einer amerikanischen Zeitung eine Geschichte mit dem Titel »Green Boy From Hurrah«, bei der ebenfalls ein außerirdisches Wesen mit grüner Haut die Hauptrolle spielt. Grüne Aliens waren von Anfang an Teil der Science-Fiction-Literatur und als ab den 1940er-Jahren Menschen vermehrt von »UFO«-Sichtungen und Entführungen durch Aliens berichteten, war es keine Überraschung, dass auch sie häufig grün waren.

Grün scheint die beste Farbe zu sein, wenn man es mit außerirdischen Wesen zu tun hat. Die menschliche Haut kann alle möglichen Farbtöne annehmen, von Blauschwarz über Braun und Weißgelb bis hin zu diversen Schattierungen von Rot. Aber grün ist unsere Haut nie (oder höchstens in seltenen medizinischen Spezialfällen). Wer eine grüne Haut hat, ist nicht von der Erde, das sieht man auf den ersten Blick. In Wahrheit werden wir erst dann wissen, ob Aliens grün sind (oder ob das Konzept der Farbe eines Außerirdischen überhaupt sinnvoll ist), wenn sie bei uns auf der Erde landen. Damit ist aber eher nicht zu rechnen, wie wir im Kapitel über die Farbe Blau noch sehen werden.

Ein grünes Phänomen, das ein sehr bekannter Autor beschrieben hat, ist allerdings höchst real. Jules Verne gilt als einer der Begründer der Science-Fiction-Literatur. In den vielen Büchern, die der französische Schriftsteller Ende des 19. und Anfang des 20. Jahrhunderts veröffentlicht hat, geht es allerdings nicht um Aliens. In »Von der Erde zum Mond« und »Reise um den Mond« erzählt er von der Raumfahrt (und angesichts der Zeit, in der er gelebt hat, sind die Beschreibungen darin erstaunlich korrekt), und sein Buch »Robur der Eroberer« beginnt mit der Sichtung unbekannter Flugobjekte am Himmel, die sich dann als Luftschiff des titelgebenden Erfinders und Anti-Helden Robur herausstellen. Jules Verne hat das frühe Genre der Science-Fiction definitiv geprägt; seine Geschichten spielen aber, mit Ausnahme der beiden Mond-Bücher, immer auf der Erde (oder manchmal auch in ihrem Mittelpunkt). Mit Außerirdischen hat er sich nicht beschäftigt, dafür aber mit astronomischen Phänomenen.

Sein 1882 erschienenes Buch »Der grüne Strahl« ist eigentlich eine reine Liebesgeschichte. Die junge Helena Campbell soll mit einem exzentrischen Gelehrten verheiratet werden, erklärt aber, das erst dann zu tun, wenn sie den »Grünen Strahl« gesehen hat – ein mysteriöses Phänomen, bei dem die Sonne kurz vor dem Untergang einen Blitz aus grünem Licht aussendet. Denn wer das Glück hat, so etwas zu beobachten, kann sich in Liebesdingen nicht mehr irren, so lautet zumindest die Legende. Helena macht sich auf die Reise, um den grünen Strahl zu sehen. Diverse Missgeschicke verhindern die erfolgreiche Beobachtung, aber Helena lernt während all dieser Abenteuer einen jungen Mann kennen, den sie, im Gegensatz zum ursprünglich vorgesehenen Ehemann, auch bereitwillig ohne grünes Licht heiraten möchte. Ein Happy End und ein recht untypischer Roman für Jules Verne, der aber trotzdem auf einem realen Phänomen basiert. Denn unsere Sonne kann unter den richtigen Umständen tatsächlich grün leuchten.

In den vergangenen Kapiteln habe ich immer wieder davon erzählt, dass Sonnenlicht eine Mischung aus allen Farben des Regenbogens ist, den man mit den richtigen optischen Geräten sichtbar machen kann. In der Astronomie gehören solche »Spektroskope« zu den wichtigsten Instrumenten, und es handelt sich dabei oft um enorm komplexe Maschinen, die mehrere Meter lang, breit und hoch sein können. Wenn man aber nicht an der exakten Vermessung der dunklen Spektrallinien im schwachen Licht der fernen Sterne interessiert ist, sondern einfach nur die Regenbogenfarben im Sonnenlicht sehen will, dann reicht auch schon ein einfaches Stück Glas, wie das Prisma, mit dem Isaac Newton im 17. Jahrhundert seine ersten Experimente zu diesem Thema angestellt hat. Und unter den richtigen Umständen braucht es sogar gar keine Geräte, sondern nur die Atmosphäre der Erde.

Wenn das Sonnenlicht aus dem Vakuum des Weltraums auf die Lufthülle unseres Planeten trifft, wird es dabei abgebremst (dazu mehr im nächsten Kapitel). Dadurch ändert es die Richtung, und dieses Phänomen nennt man »Lichtbrechung«. Wie stark das Licht dabei seine Richtung ändert, hängt aber von seiner Farbe ab. Wenn die weiße Lichtmischung des Sonnenlichts durch die Atmosphäre der Erde strahlt, wird der blaue Anteil stärker abgelenkt als der grüne Anteil, der wiederum stärker abgelenkt wird als das gelbe Licht; Rot ändert seine Richtung am wenigsten. Anders gesagt: Die Lichtbrechung spaltet das Licht in seine Bestandteile auf, und wir sehen einen Regenbogen. (Beziehungsweise wir sehen ihn nicht direkt, denn wie im Kapitel über die Farbe Gelb erklärt, sehen wir die Sonne am Himmel weiß leuchten und nicht bunt. Der Effekt der Lichtbrechung ist normalerweise zu schwach, als dass wir ihn direkt wahrnehmen könnten. Nur unter ganz gewissen Umständen ist es anders.)

Schauen wir uns dazu an, was bei einem Sonnenuntergang über dem Meer passiert. Betrachten wir den Moment, in dem die Sonnenscheibe gerade die Oberfläche des Ozeans zu berühren scheint. Abgesehen davon, dass das meist ein sehr ansprechender Anblick ist, ist die Sonne zu diesem Zeitpunkt in Wahrheit schon längst hinter dem Horizont verschwunden. Dass wir sie trotzdem noch sehen können, liegt wieder an der Lichtbrechung. Die Strahlen des Sonnenlichts werden quasi noch einmal über den Horizont gebogen, wo wir sie dann noch ein bisschen länger sehen können, als es eigentlich zu erwarten wäre. Auch hier gilt aber das, was schon weiter oben ausgeführt wurde: Das blaue Licht wird am stärksten abgelenkt, das rote Licht am schwächsten. Genau genommen ist in diesem Moment also nicht nur eine Sonnenscheibe zu sehen, sondern jede Menge farbige Sonnenscheiben, die übereinandergestapelt und leicht gegeneinander verschoben sind. Die blaue Sonne steht von allen am höchsten über dem Horizont, weil hier die Lichtbrechung am stärksten ist. Leicht darunter befindet sich die grüne Sonne, dann kommt eine gelbe Sonnenscheibe, eine in Orange und ganz unten das Bild der Sonne, das vom roten Anteil ihres Lichts erzeugt wird.

Wie gesagt: Normalerweise sehen wir keinen Haufen an bunten Sonnenbildern am Himmel, sondern nur ihre Überlagerung in Form der üblichen weißen Sonnenscheibe. Das Ausmaß der Lichtbrechung hängt aber auch von der Temperatur der Atmosphäre ab beziehungsweise von den Temperaturunterschieden in verschiedenen Luftschichten. Wenn die Luft kälter ist als der Boden oder eben die Meeresoberfläche, ist der Effekt besonders stark. Und genau diese Situation hat man oft, wenn die Sonne über dem Meer (oder über der Wüste) untergeht.

Das erste der farbigen Sonnenbilder, das hinter dem Horizont verschwindet, ist das in Rot. Kurz danach verschwinden die gelbe und orange Sonne, und übrig bleiben ihr grünes und ihr blaues Bild. Von der blauen Sonne ist aber eigentlich so gut wie nichts zu sehen, denn gerade weil das blaue Licht so stark abgelenkt wird, hat es sich über den ganzen Himmel verteilt, und so gut wie nichts davon erreicht direkt unser Auge. Das bedeutet, dass das grüne Bild der Sonne das letzte ist, das hinter dem Horizont untergeht. In dem kurzen Moment, in dem der rote, gelbe und orange Anteil schon verschwunden sind, der grüne aber noch nicht, kann man den »Grünen Strahl« sehen, den Jules Verne in seinem Roman beschreibt. Es dauert nur ein paar Sekunden, und man kann es nur in den seltenen Fällen beobachten, in denen die richtigen Bedingungen dafür herrschen. Abgesehen von den oben beschriebenen Temperaturunterschieden in der Atmosphäre muss der Himmel so klar wie möglich sein, es darf nicht zu viele künstliche Lichtquellen in der Umgebung geben und einiges mehr. Man braucht etwas Glück, um den grünen Blitz der untergehenden Sonne zu sehen, aber wenn man es geschafft hat, kann man sich darüber freuen, etwas beobachtet zu haben, was nicht viele Menschen zu Gesicht bekommen. Nur wenn es um die Liebe geht, wird man danach leider auch weiterhin mit Irrtümern rechnen müssen. Dieser Teil von Jules Vernes' Roman ist tatsächlich nur Fiction und keine Science.

BLAU

Über blaue Blitze, die schneller als das Licht sind, und unerklärte Energie aus dem Weltall. Über den blauen Himmel und die Entstehung von Planeten. Und über blaues Gift und die Furcht vor den Kometen.

Wer schon einmal ein Kernkraftwerk besucht und dort auch das Abklingbecken gesehen hat, in dem radioaktive Brennstäbe gelagert werden, dem wird definitiv nicht entgangen sein, dass das Wasser in einem intensiven Blau leuchtet. Dieses blaue Licht entsteht, wenn sich etwas schneller als das Licht bewegt, und man findet es nicht nur in Kernkraftwerken, sondern auch in unserer Atmosphäre. Dort wird es von astronomischen Phänomenen verursacht, die wir bis heute noch nicht vollständig verstanden haben.

Vermutlich haben sich einige Leserinnen und Leser gerade aber schon eine andere Frage gestellt: Wie kann sich etwas schneller als das Licht bewegen? Selbst wer nicht viel über Physik weiß, hat doch vermutlich schon einmal gehört, dass Albert Einstein in seiner Relativitätstheorie eindeutig gezeigt hat, dass die Geschwindigkeit des Lichts die absolute Obergrenze im Universum darstellt. Es ist das ultimative Tempolimit, das sich, selbst wenn man wollte, nicht überschreiten lässt, weil es nicht durch irgendeine Straßenverkehrsordnung vorgegeben wird, sondern durch Naturgesetze, die man nicht brechen kann.

Das alles ist selbstverständlich richtig, aber es gilt für die Lichtgeschwindigkeit im Vakuum. Die beträgt exakt 299 792,458

Kilometer pro Sekunde, und es ist unmöglich, sich schneller zu bewegen (von Hypothesen, das doch noch irgendwie zu erreichen, wird später noch die Rede sein). Aber sobald sich Licht nicht durch ein Vakuum bewegt, wird es langsamer. Oder besser gesagt: Nicht das Licht selbst wird langsamer, sondern es breitet sich langsamer aus. Das klingt, als wäre das ein Widerspruch, ist es aber nicht. Im Laufe dieses Buches sollte klar geworden sein, dass Licht ein höchst komplexes Phänomen ist, das nur noch komplexer wird, je genauer man es betrachtet. Und wenn wir das blaue Leuchten der überlichtschnellen Bewegung verstehen wollen, müssen wir sehr genau hinsehen.

Fangen wir mit dem Begriff »Lichtgeschwindigkeit« an, der, zumindest im Hinblick auf das Thema dieses Kapitels, etwas missverständlich gewählt ist. Die 299 792,458 Kilometer pro Sekunde sind nichts, was speziell mit dem Licht zu tun hat. Es ist die Geschwindigkeit, mit der sich alle masselosen Teilchen bewegen müssen – beziehungsweise alle Teilchen, die eine Ruhemasse von null haben, denn auch in der Bewegung steckt ja Energie, die laut Einsteins berühmter Formel $E=mc^2$ ebenfalls einer Masse entspricht. Licht besteht, in der Vorstellung der Quantenmechanik, aus genau solchen Teilchen ohne Ruhemasse, den Photonen, und die können nicht anders, als sich immer mit exakt 299 792,458 Kilometern pro Sekunde zu bewegen. Das ist eine fundamentale Naturkonstante, die aus einer ebenso fundamentalen Eigenschaft des Universums folgt, nämlich dem Relativitätsprinzip. Es besagt, dass die Naturgesetze immer gleich aussehen und funktionieren, und zwar unabhängig vom Bewegungszustand. Wenn ich mit einem Raumschiff und halber Lichtgeschwindigkeit durch das Universum sause und dabei wissenschaftliche Beobachtungen anstelle, muss ich am Ende zu denselben Ergebnissen kommen wie meine Kollegin, die dieselbe Forschung zu Hause in einem Labor auf der Erde durchführt. Es gibt im Universum keinen Ort, der irgendwie »besser« ist als andere Orte, und Bewegungszustände lassen sich immer nur relativ zu einem anderen Bewegungszustand angeben. Ich zum Beispiel sitze jetzt gerade an meinem Schreibtisch und bewege mich nicht. Das gilt allerdings nur, wenn ich meinen Zustand in Bezug auf den Erdboden betrachte. Denn ich, mein Schreibtisch und die gesamte Erde bewegen uns sehr wohl, und zwar mit knapp 30 Kilometern pro Sekunde um die Sonne herum. Würde meine Kollegin in einem Raumschiff mit ebenfalls genau diesen 30 Kilometern pro Sekunde hinter der Erde her um die Sonne fliegen, dann würde sich die Erde aus ihrer Sicht nicht bewegen (sieht man mal von der Erdrotation ab). Es ist, wie man Albert Einsteins Arbeit gerne fälschlicherweise zusammenfasst, alles relativ. Trotzdem sind alle auf dieselben Naturgesetze festgelegt, und das geht nur, wenn die Lichtgeschwindigkeit erstens konstant und zweitens die universale Höchstgeschwindigkeit ist.

Neben den Photonen gibt es auch andere Teilchen, die sich zwangsläufig immer mit dieser maximal möglichen Geschwindigkeit bewegen. Zum Beispiel die Gluonen, die eine wichtige Rolle bei den Kräften spielen, die innerhalb der Bausteine eines Atomkerns wirken. Aber während wir diese Kernkräfte im Alltag nicht wahrnehmen, ist die durch das Licht vermittelte elektromagnetische Kraft sichtbar, und deswegen ist es durchaus verständlich, von der »Lichtgeschwindigkeit« zu sprechen, wenn wir uns mit der Ausbreitung von Licht beschäftigen.

Die Photonen des Lichts können sich also niemals langsamer bewegen als mit 299 792,458 Kilometern pro Sekunde. Es ist dabei auch vollkommen egal, ob sie sich durch das Vakuum des Weltalls bewegen, durch die Atmosphäre der Erde, durch Wasser oder sonst irgendein Medium. Sie können ihre Geschwindigkeit nicht verringern. Es kann für uns allerdings so aussehen, als würde sich das Licht langsamer bewegen. Im leeren Raum kommt den Photonen nichts in die Quere. Wenn Licht aber zum Beispiel auf die Atmosphäre der Erde trifft, sehen sich die Photonen auf einmal von jeder Menge Atome und Moleküle umzingelt. In den bisherigen Kapiteln war immer wieder die Rede von der Wechselwirkung zwischen Licht und Elektronen. Die Teilchen aus der Atomhülle können Licht aufnehmen und dadurch angeregt oder ionisiert werden – und sie können Licht aussenden, wenn sie ihren ursprünglichen Zustand wieder einnehmen. Dazu muss das Licht aber nicht direkt auf die Elektronen treffen, es reicht schon, wenn es sich in der Nähe vorbeibewegt. Dann werden die Elektronen ein kleines bisschen angeregt und strahlen dadurch selbst ein wenig Energie in Form von Lichtwellen aus, die sich mit den ursprünglichen Wellen überlagern. Dieser Vorgang geht schnell, braucht aber trotzdem einen kleinen Moment, was bedeutet, dass die von den Atomen in der Luft verursachten Wellen gegenüber den äußeren Lichtwellen ein klein wenig verzögert kommen. Das passiert nun nicht nur bei einem einzigen Atom, sondern bei jedem Atom, das dem Licht in die Quere kommt. All diese Lichtwellen überlagern sich, verstärken sich zum Teil und löschen sich anderswo aus. In Summe sorgen die unzähligen winzigen Verzögerungen bei der Entstehung der Lichtwellen in den angeregten Atomen dafür, dass wir eine Welle beobachten, die sich langsamer bewegt als die ursprüngliche Lichtwelle im Vakuum des Weltalls.

Jedes Photon bewegt sich während dieses Prozesses immer noch mit exakt 299 792,458 Kilometern pro Sekunde. Aber durch die ständige Interaktion mit den Atomen der Materie, durch die sich das Licht bewegt, beobachten wir am Ende eine

Lichtwelle, die effektiv ein wenig langsamer ist als zuvor. In Wahrheit ist der ganze Vorgang natürlich noch viel komplexer, und man muss tief in die Details der Quantenmechanik einsteigen, um das Verhalten des Lichts tatsächlich zu verstehen. Und selbst dann sind unserem Wissen zum aktuellen Zeitpunkt Grenzen gesetzt. Aber das ist es, was Physikerinnen und Physiker meinen, wenn sie sagen, dass Licht langsamer wird, wenn es sich nicht im Vakuum bewegt.

In der Atmosphäre der Erde, unter typischen Bedingungen, ist Licht mit circa 299 705 Kilometern pro Sekunde unterwegs, was nur minimal unter der Vakuumlichtgeschwindigkeit liegt. Im Wasser wird das Licht immerhin schon auf 224 901 Kilometer pro Sekunde abgebremst. Noch deutlich langsamer kann man es machen, wenn man es zum Beispiel durch Diamanten strahlen lässt, wo es nur noch mit 123 881 Kilometern pro Sekunde vorwärtskommt.

Gehen wir wieder zurück zum Abklingbecken des Kernkraftwerks. Dort lagert radioaktives Material, das radioaktive Strahlung abgibt. Das ist einerseits hochenergetisches Licht, es sind aber auch hochenergetische Teilchen, wie zum Beispiel Elektronen. Deren Geschwindigkeit hängt unter anderem gerade davon ab, mit wie viel Energie sie abgestrahlt werden, und im Fall der radioaktiven Stoffe eines Kernkraftwerks reicht die aus, um die Elektronen schneller zu machen, als sich das Licht im Wasser bewegen kann.

Wenn ein Teilchen wie ein Elektron das Licht überholt, passiert etwas Seltsames. Das Medium, durch das es sich überlichtschnell bewegt, in diesem Fall das Wasser des Beckens, beginnt zu leuchten. Man kann sich das analog zu dem Knall vorstellen, der entsteht, wenn man sich schneller als der Schall durch die Luft bewegt. Aber das ist nur eine Analogie, die das wahre

Phänomen des blauen Lichts nicht völlig zutreffend zu fassen vermag.

Das Elektron ist elektrisch geladen (in dem Fall negativ; mit einem positiv geladenen Teilchen wie einem Proton würde es aber genauso funktionieren) und bewegt sich durch das Wasser. Dabei beeinflusst es mit seiner Ladung die Elektronen in der Hülle der Atome, aus denen das Wasser besteht. Die sind normalerweise elektrisch neutral, das heißt, die negative Ladung der Hülle gleicht die positive Ladung des Atomkerns gerade aus. Wenn jetzt aber das Elektron vorbeifliegt, wird die Anordnung der Ladungen kurzfristig aus dem Gleichgewicht gebracht; der Normalzustand stellt sich erst wieder ein, wenn das Elektron vorbeigeflogen ist. Während sich das Atom wieder ordnet, sendet es elektromagnetische Strahlung aus, also Lichtwellen. Das passiert bei allen Atomen in der Umgebung des Elektrons, und die von all diesen Atomen abgestrahlten Lichtwellen überlagern sich so, dass sie sich gegenseitig auslöschen. Beziehungsweise tun sie das, solange das Elektron nicht zu schnell ist. Wenn es sich, wie im Fall des Abklingbeckens, aber schneller als das Licht bewegt, dann überholt es quasi das Licht, das es verursacht. Die Situation ist vergleichbar mit einem Motorboot, das sich schneller durchs Wasser bewegt als die Wellen, die es durch seine Bewegung erzeugt. Hinter dem Boot bildet sich eine Kielwelle aus, in der sich die einzelnen Wellen nicht mehr gegenseitig auslöschen können. Beim Elektron ist es genauso, nur dass es hier natürlich keine Wellen aus Wasser sind. Das Licht der von ihm gestörten Atome bildet nun einen Lichtkegel – und die Farbe dieses Lichts ist Blau. Der Erste, der dieses Phänomen entdeckt hat und korrekt beschreiben konnte, war der sowjetische Physiker Pawel Alexejewitsch Tscherenkow, der dafür 1958 den Physik-Nobelpreis bekommen hat. Nach ihm hat man dieses charakteristische Licht auch benannt: Tscherenkow-Strahlung.

Tscherenkow hat das Licht damals bei Uranverbindungen in Schwefelsäure beobachtet; wir können es heute in unseren Kernkraftwerken sehen, aber es braucht keine Atomreaktoren oder Chemielabore, um die blauen Blitze der Überlichtgeschwindigkeit zu erzeugen. Wir können dafür auch in den Himmel schauen. Und dort kann uns dieses spezielle Licht dabei helfen, ein paar wirklich rätselhafte Vorgänge zu erklären.

Auch wenn dieses Buch vor allem von den für unsere Augen sichtbaren Farben im Universum handelt, sollte mittlerweile deutlich geworden sein, dass da draußen noch viel mehr Licht ist, das wir nicht sehen können. Diese unsichtbaren Farben sind aber nicht das Einzige, was das Universum erfüllt, ohne dass wir etwas davon mitbekommen. Die Sterne leuchten nicht nur im sichtbaren und unsichtbaren Licht, sondern schleudern ständig eine unvorstellbare große Anzahl an Teilchen hinaus ins All, für die der Rest des Universums quasi nicht zu existieren scheint. Wenn wir hinauf zur Sonne blicken, sausen in jeder Sekunde ein paar Billionen von ihnen durch unseren Kopf, ohne dass wir auch nur das Geringste davon mitbekommen. Diese geisterhaften Teilchen überhaupt zu entdecken war schon eine große wissenschaftliche Leistung, und dass wir in der Lage sind, sie zu erforschen, verdanken wir dem blauen Licht der Tscherenkow-Strahlung.

Diese Geschichte beginnt im Jahr 1930 mit dem deutschen Physiker Wolfgang Pauli. Er untersuchte Messergebnisse, die bei bestimmten Arten des radioaktiven Zerfalls gewonnen wurden. Bei solchen Vorgängen können sich die beiden Arten von Bausteinen eines Atomkerns spontan ineinander umwandeln. Ein elektrisch nicht geladenes Neutron kann zum Beispiel zu einem elektrisch positiv geladenen Proton werden. Elektrische Ladungen können aber nicht aus dem Nichts entstehen, und wenn das ungeladene Neutron auf einmal positiv geladen ist, muss es als Ausgleich eine gleich große negative Ladung freisetzen. Diese Art von radioaktivem Zerfall setzt also ein Elektron frei, das ja genau die gleiche, aber entgegengesetzte Ladung trägt wie ein Proton. Solche Kernreaktionen konnte man in den Labors der Teilchenphysik gut beobachten; und man konnte auch die Energie messen, die das Elektron bei diesem Zerfall auf seinem Weg aus dem Atomkern hinaus mitbekommt. Genau hier lag das Problem, das Wolfgang Pauli lösen wollte: Die Energie der Elektronen war mal größer und mal kleiner, und das durfte eigentlich nicht sein. Es sollte immer dieselbe Energie mit sich tragen, und zwar genau die, die von der Umwandlung eines Neutrons in ein Proton zu erwarten ist. Wenn das Elektron nun aber irgendwelche beliebigen Energiemengen aufweist, dann folgt daraus, dass Energie einfach so verschwunden sein muss. Das widerspricht einem der grundlegenden Prinzipien der Physik, nämlich dem Energieerhaltungssatz, der ja gerade aussagt, dass Energie NICHT verschwinden kann. Die Idee von Wolfgang Pauli war eigentlich simpel: Er behauptete, dass bei diesem Zerfallsereignis nicht nur ein Elektron freigesetzt wird, sondern noch ein weiteres Teilchen, das den jeweils fehlenden Teil der Energie mit sich trägt. Dieses Teilchen hat den Namen »Neutrino« bekommen. Aber gelöst war die Angelegenheit damit noch lange nicht.

Denn: Warum hat man diese Neutrinos bei den Experimenten nicht nachgewiesen? Wenn sie da sind, warum sieht man sie dann nicht? Ganz einfach: Neutrinos sind unsichtbar! Denn etwas zu »sehen« bedeutet ja, dass irgendeine Wechselwirkung mit Licht stattfinden muss. Und Licht ist eine elektromagnetische Welle. Neutrinos aber, so Pauli, sind Teilchen, die die elektromagnetische Kraft nicht spüren können. Sie werden durch sie nicht beeinflusst, sie können Licht nicht absorbieren, ablenken, ausstrahlen, es ist ihnen schlicht und einfach völlig egal. Wenn Neutrinos aber aus Sicht des Lichts nicht existieren, dann sind sie im wortwörtlichen Sinne unsichtbar. Hinzu kommt, dass auch ein Großteil der Interaktionen zwischen der Materie durch die elektromagnetische Kraft funktioniert. Die feste Oberfläche meines Schreibtisches fühlt sich für meine Hand gerade nur deswegen fest an, weil die Elektronen in den Atomen meiner Finger elektromagnetisch mit den Elektronen der Atome im Holz des Tisches wechselwirken. Für ein Teilchen, das nichts vom Elektromagnetismus mitbekommt, wäre der Tisch mehr oder weniger nicht existent, und es würde einfach ungebremst durchsausen. Neutrinos sind also nicht nur unsichtbar, sie spüren auch so gut wie nichts vom Rest der materiellen Welt, und die materielle Welt spürt nichts von ihnen.

Pauli war natürlich bewusst, dass das keine optimale Lösung war, und sagte angesichts seiner Hypothese selbst: »Ich habe etwas Schreckliches getan: Ich habe ein Teilchen postuliert, das nicht detektiert werden kann.«

Aber ganz so hoffnungslos, wie er dachte, war die Lage dann doch nicht. In sehr, sehr seltenen Fällen lässt sich ein Neutrino doch einmal dazu hinreißen, mit den »normalen« Teilchen zu interagieren. Bei diesen Reaktionen entstehen Teilchen und Strahlung, die sich zumindest prinzipiell nachweisen lassen. Diesen Nachweis auch praktisch zu führen, haben die beiden amerikanischen Physiker Clyde Cowan und Frederick Reines in den 1950er-Jahren versucht. Ihnen war klar, dass Neutrinos bei radioaktiven Prozessen entstehen. Sie wussten auch, dass sie irgendeine Art von Vorgang benötigen, bei dem extrem viele Neutrinos entstehen, denn nur dann hätten sie eine realistische Chance, zumindest ein paar von ihnen mit ihren Messinstrumenten zu erwischen. Und was machte man in den USA der 1950er-Jahre in so einem Fall: natürlich eine Atombombe zünden!

Wenn so ein Ding explodiert, wird in kurzer Zeit extrem viel Energie freigesetzt, denn das ist ja der tragische Zweck dieser Waffe. Die nuklearen Reaktionen, die für die Freisetzung dieser Energie sorgen, sollten eigentlich auch jede Menge Neutrinos produzieren. Nur, wie soll man das messen? Man kann ja schlecht sein Messgerät direkt neben einer explodierenden Atombombe aufbauen. Beziehungsweise kann man das natürlich machen, nur wird man danach große Schwierigkeiten haben, die Ergebnisse der Messungen zu finden. Der Plan von Cowan und Reines sah deswegen so aus: Man gräbt zuerst einen tiefen Schacht und wirft das Messgerät hinein. Kurz danach lässt man oben über dem Schacht eine Atombombe explodieren. Während des Falls ist das Gerät durch die Wände des Schachts weitestgehend von den Auswirkungen der Explosion abgeschirmt. Die Neutrinos lassen sich hingegen von den Felswänden überhaupt nicht stören. Man muss den Boden des Schachts zwar entsprechend polstern, damit das Instrument beim Aufprall nicht kaputtgeht, aber ansonsten reicht es, abzuwarten, bis die Explosion vorbei ist. Dann huscht man schnell in den Schacht hinunter, holt das Messinstrument heraus und macht sich dabei, wie in den 1950er-Jahren noch üblich, eher wenige Gedanken über eine radioaktive Verstrahlung.

Das klingt nach einem komplett hirnrissigen Plan, aber dieses Experiment – das den schönen Namen »Projekt Poltergeist« trug – wurde tatsächlich genau so geplant, genehmigt und wäre auch fast durchgeführt worden. Aber so spektakulär das Ganze auch gewesen wäre, ist den Forschern glücklicherweise noch rechtzeitig eingefallen, dass es ja nicht nur die unkontrollierte Kernspaltung der Atombomben gibt, sondern auch Kernkraftwerke, in denen das alles ein bisschen weniger apokalyptisch abläuft. Dort werden deswegen zwar auch potenziell weniger Neutrinos frei, aber dafür kann man die Messinstrumente auch in Ruhe über längere Zeit laufen lassen.

Am Ende waren Cowan und Reines erfolgreich: 1956 konnten sie die Existenz der Neutrinos nachweisen. Heute wissen wir, dass es nicht nur die Art von Neutrino gibt, die Pauli damals vorhergesagt hat, sondern dass drei unterschiedliche Versionen von ihnen existieren. Soweit wir wissen, sind es Elementarteilchen, die wie auch Elektronen oder Photonen selbst nicht weiter in kleinere Einheiten auseinandergenommen werden können. Vor allem wissen wir auch, dass die Neutrinos nicht nur bei Atombombenexplosionen und in Kernkraftwerken produziert werden, sondern überall im Universum. Denn wenn es um nukleare Reaktionen geht, ist eine Atombombe nichts im Vergleich zu einem Stern! Im Inneren der Sonne laufen Kernreaktionen in einem Ausmaß ab, gegen die eine Atombombe nicht mal als Tischfeuerwerk durchgehen würde.

Eine Beobachtung der Neutrinos aus dem Weltall würde uns also einen Blick erlauben, der tief hinab ins Innere der Sonne reicht, wohin wir ansonsten niemals sehen könnten. Eine Analyse der solaren Neutrinos kann uns zum Beispiel zeigen, welche Arten von Kernreaktionen dort im Detail ablaufen. Wenn anderswo im Universum Sterne ihr Leben bei Supernova-Explosionen beenden, dann wird ein Großteil der dabei frei werdenden Energie in Form von Neutrinos ins All hinausgetragen. Ihre Messung erlaubt es uns, diese kurzen und gewaltigen Momente in der Entwicklung eines Sterns besser zu verstehen. Immer dann, wenn es im Kosmos besonders energetisch zugeht, sind Neutrinos mit im Spiel, und sie stellen eine außergewöhnliche Informationsquelle dar.

Wenn sie nur nicht so absurd schwer zu beobachten wären! Reines und Cowan haben sich die Sache mit der Atombombe ja nicht ausgedacht, weil sie verrückt gewesen wären, sondern, weil ihnen klar war, dass ihr Nachweis nur dann gelingen kann, wenn auf einen Schlag wirklich viele Neutrinos erzeugt werden. Bei den kosmischen Neutrinos müssen wir hingegen mit dem arbeiten, was da ist. Und auch wenn ebenfalls sehr, sehr viele Neutrinos auf die Erde treffen, braucht es doch andere Wege, sie nachzuweisen, als es bei den Atombomben und Kernkraftwerken der Fall ist. Glücklicherweise haben wir diese Wege mittlerweile gefunden – und ausgeleuchtet werden sie vom blauen Licht der Tscherenkow-Strahlung.

Ein direkter Nachweis der Neutrinos aus dem All ist unmöglich. Aber pro Sekunde schickt allein unsere Sonne ein paar Hundert Milliarden Neutrinos durch jeden Quadratzentimeter der Erdoberfläche. Hinzu kommen die Teilchen, die all die anderen Prozesse im Universum verursachen. Ab und zu kommt es dabei zu einer der seltenen Wechselwirkungen zwischen Neutrinos und normaler Materie. Dabei entstehen Teilchen, die wir erstens mit etwas Glück nachweisen können und die sich zweitens so schnell bewegen, dass die Chance auf einen Tscherenkow-Blitz besteht. Dazu müssen die Reaktionen aber in einem passenden Medium stattfinden, in dem sie schneller als das Licht ablaufen, und wir müssen die richtigen Messinstrumente dort installieren. Denn im Gegensatz zum Abklingbecken eines Kernkraftwerks ist das Leuchten der Neutrino-Reaktionen mit freiem Auge nicht zu sehen.

Eine Möglichkeit, einen funktionierenden Neutrinodetektor zu bauen, sieht also zum Beispiel so aus: Man füllt ein Becken mit sehr, sehr viel Wasser. In dieses Wasser hängt man jede Menge extrem sensitive Lichtdetektoren. Dann wartet man ab, ob man etwas sieht, was sich schneller als das Licht bewegt und deswegen blau leuchtet. Man kann dafür allerdings nicht einfach den nächstbesten Swimmingpool nehmen, denn da ist es viel zu chaotisch. Selbst wenn man die Badegäste nach Hause schickt, bleiben noch viel zu viele andere Teilchen, die durch die Gegend fliegen und ebenfalls Reaktionen auslösen können, auf die die Detektoren anspringen. Man muss das Wasserbecken tief unter der Erde anlegen, denn dort ist es ausreichend dunkel für die anspruchsvollen Messungen. Zudem schirmen die dicken Gesteinsschichten die Instrumente von den für diesen Zweck uninteressanten Wald-und-Wiesen-Reaktionen ab. Die Neutrinos stört dieses Bollwerk nicht im Geringsten. Aus ihrer Sicht ist selbst die Erde kaum vorhanden; ein bisschen Gestein tangiert sie nicht. Wenn man mit den unterirdischen Apparaturen also etwas misst, ist die Chance groß, dass es sich um eine der seltenen Neutrinoreaktionen handelt.

In den 1990er-Jahren sind mehrere solcher großen Neutrino-Observatorien in Betrieb genommen worden. Mit ihnen hat man tatsächlich Neutrinos nachgewiesen, die von der Sonne stammen. Das spektakulärste Experiment dieser Art findet seit dem Jahr 2010 in der Antarktis statt. Es heißt »IceCube« und ist genau das: ein Eiswürfel, allerdings einer mit einer Kantenlänge von einem Kilometer! Man hat es direkt am Südpol, bei der amerikanischen Amundsen-Scott South Pole Station installiert. Dort ist das Eis besonders dick, und das war auch nötig: Man hat jede Menge Löcher ins Eis gebohrt, bis in eine Tiefe von fast 2,5 Kilometern. In die Löcher wurden Kabel mit Lichtdetektoren gehängt, und am Ende hat man so ein Volumen von einem Kubikkilometer mit Sensoren ausgestattet, das sich fast 1,5 Kilometer unter der Oberfläche befindet. Durch den enormen Druck der darüberliegenden Eismassen ist das gefrorene Wasser in dieser Tiefe extrem klar. Wenn irgendwo in diesem gigantischen, mit Messgeräten ausgestatteten Eiswürfel ein Neutrino eine Reaktion und einen Tscherenkow-Blitz auslöst, ist der nicht zu übersehen. Die ganze Anlage ist außerdem so gestaltet, dass man nicht nur das blaue Leuchten selbst detektieren, sondern auch zumindest grob messen kann, aus welcher Richtung es gekommen ist. Das muss dann auch die Richtung sein, aus der sich das Neutrino auf die Erde zubewegt hat. Nach einem Nachweis kann man die entsprechende Region des Himmels mit konventionellen Teleskopen prüfen, um nach der Quelle der Neutrinos zu suchen. Außerdem lässt sich mit den Instrumenten auch bestimmen, welche Energie die Neutrinos mit sich tragen. Sie gibt ebenfalls Aufschluss über die Prozesse, bei denen sie erzeugt worden sind. Je größer die Energie, desto dramatischer und hochenergetischer muss das Ereignis gewesen sein. Die meisten Neutrinos stammen von der Sonne, denn sie ist mit Abstand die stärkste Neutrinoquelle in unserer Umgebung – die Energie der Sonnenneutrinos ist allerdings zu gering, als dass IceCube sie messen könnte. Auch direkt in der Erdatmosphäre werden viele Neutrinos erzeugt, wenn die Luftmoleküle von der kosmischen Strahlung getroffen werden.* Auch diese Neutrinos haben aber eine vergleichsweise geringe Energie. Die wirklich hochenergetischen Neutrinos, die IceCube registrieren kann, müssen von anderswo im Universum stammen und sind für die Astronomie von besonderem Interesse.

* Die kosmische Strahlung wird durch die elektromagnetische Aktivität in den Sternen erzeugt, die ich im Kapitel über die Farbe Orange erklärt habe. Es gibt daneben noch andere Quellen, aber das ist eine Geschichte für eine andere Farbe.

Im Dezember 2013 wurden die ersten Ergebnisse bekannt gegeben. IceCube war tatsächlich in der Lage, Neutrinos zu messen, die ihren Ursprung außerhalb des Sonnensystems hatten, und vielleicht sogar außerhalb unserer Milchstraße. Und zwar ganze 28 Stück! Das mag lächerlich erscheinen angesichts der gewaltigen Menge dieser Teilchen, die jede Sekunde auf die Erde prasseln. Es ist aber höchst beeindruckend, wenn man bedenkt, wie schwer sie nachzuweisen sind und dass die meisten von ihnen eben nicht von weit her, sondern aus der unmittelbaren Nachbarschaft stammen.

IceCube ist es erstmals sogar gelungen, gemessene Neutrinos einer konkreten Quelle zuzuordnen. Am 22. September 2017 traf ein Neutrino auf den unterirdischen Eiswürfel, dessen Energie so absurd hoch war, dass es weder aus der Atmosphäre noch von der Sonne noch von sonst irgendwo aus unserer Milchstraße kommen konnte. Es trug ungefähr 20-mal mehr Energie mit sich, als wir den Teilchen selbst in den größten Teilchenbeschleunigern der Erde hätten mitgeben können. Irgendwo da draußen im All muss also ein kosmischer Beschleuniger sitzen, der weitaus mächtiger ist als alles, was wir auf der Erde haben. Nur wenige Sekunden nachdem die Detektoren unter dem Eis diese Beobachtung gemacht hatten, wurden Sternwarten auf der ganzen Welt mit einer automatischen Nachricht darauf hingewiesen. Sie sollten die entsprechende Region des Himmels mit ihren Teleskopen nach Hinweisen auf die Quelle dieses Neutrinos absuchen. Die Suche verlief erfolgreich: Es stammt von einem Objekt, das die eher unspektakuläre Bezeichnung TXS 0506 + 056 trägt, aber alles andere als unspektakulär ist. Es handelt sich um einen sogenannten »Blazar«, was eine spezielle Art von »Quasar« ist. Und ein Quasar ist das aktive Zentrum einer Galaxie, also das, was wir im Kapitel über die Farbe Orange kennengelernt haben, als es um das erste Bild eines Schwarzen Lochs ging.

Wenn sich das Supermassereiche Schwarze Loch im Zentrum einer Galaxie befindet, in der noch sehr viel Material vorhanden ist, das in das Loch fallen und davor um es herumwirbeln kann, dann leuchtet die Umgebung des Lochs auch ganz besonders hell. In der Gegenwart finden wir solche extremen Galaxien nur noch sehr selten. Durch die diversen Wechselwirkungen und anderen Prozesse im Laufe der Zeit sind ihre Zentralbereiche quasi geleert, und das Schwarze Loch hat nur wenig Material, das es zum Leuchten bringen kann. In der Vergangenheit aber, als die Galaxien noch jung und voll waren, konnten ihre Zentralregionen so stark leuchten, dass es auch Milliarden von Lichtjahren entfernt noch zu sehen war. Wir sehen die Quasare auch deswegen alle nur in weiter Ferne; ihr Licht hat Milliarden von Jahren bis zu uns gebraucht, und wir blicken dabei zurück in die tiefe Vergangenheit. Auch das Licht von TXS 0506+056 braucht fast sechs Milliarden Jahre bis zu uns. Und in diesem Fall haben wir es nicht nur mit einem normalen Quasar zu tun, sondern mit einem, der uns besonders hell erscheint. Ein Supermassereiches Schwarzes Loch bringt seine Umgebung nicht einfach nur zum Leuchten, es schleudert Material auch wie eine Kanone von sich. Das starke Magnetfeld eines solchen Lochs* fokussiert die elektrisch geladenen Teilchen des davongeschleuderten Gases dabei, sodass sich lange »Jets« bilden, die von der Umgebung des Lochs hinaus ins All schießen. Dieses stark beschleunigte Gas gibt dabei besonders viel Strahlung

* Genauer gesagt: Nicht das Schwarze Loch selbst hat ein Magnetfeld, aber das Material, von dem es umkreist wird, kann elektrisch geladen sein und ein Magnetfeld erzeugen.

ab, und wenn der Jet zufällig genau in Richtung Erde zeigt, erscheint uns der Quasar heller als üblich.

Durch die Entdeckung von IceCube aufmerksam gemacht, richteten sich die normalen Teleskope der Sternwarten ganz genau auf TXS 0506+056 und konnten zeigen, dass dort gerade ein besonders starker Helligkeitsausbruch des Blazars stattgefunden hat. Alles deutet darauf hin, dass das hochenergetische Neutrino von genau diesem Ausbruch im Zentrum einer fernen Galaxie stammt.

Es war eines der ersten Male, dass Neutrinoforschung und konventionelle Astronomie zusammenarbeiten konnten. Es war das erste Mal, dass wir Informationen über ein konkretes astronomisches Objekt (mit Ausnahme der lokalen Himmelskörper wie der Sonne) nicht nur über die Beobachtung von Licht, sondern auch durch die Beobachtung einer völlig anderen Informationsquelle, der Neutrinos, bekommen haben. Mittlerweile hat IceCube auch diverse andere konkrete Objekte im fernen Universum beobachtet. Neben den Teleskopen, mit denen die Astronomie jahrhundertelang das normale Licht erforscht hat, und den Teleskopen, mit denen sie seit Jahrzehnten auch das unsichtbare Licht der Röntgen-, Radio- oder Infrarotstrahlung beobachten kann, gab es nun auch ein »Teleskop«, das, bestehend aus einem unterirdischen Eiswürfel in der Antarktis, die blauen Blitze überlichtschneller Teilchen registriert, die voller Informationen über die Vorgänge im fernen Universum stecken.

Kommen wir nach all diesen komplexen Vorgängen im unterirdischen Eis und dem Inneren der Atome wieder zurück zu einem Blau, das unserem Alltag wesentlich näher ist. Wenn wir den Himmel nicht in der Nacht, sondern am Tag betrachten (und es nicht komplett bewölkt ist), dann lässt sich seine blaue Farbe nicht übersehen. Auch dieses Blau hat damit zu tun, was dem Sonnenlicht auf dem Weg zu unseren Augen alles passiert. Und den blauen Himmel zu verstehen kann uns auch dabei helfen, die Entstehung ganzer Planetensysteme nachzuvollziehen.

»Warum ist der Himmel blau?«, ist eine klassische Kinderfrage, und die Antwort darauf ist tiefgründiger, als man erwarten würde. Dass der Himmel überhaupt irgendeine Farbe hat, liegt daran, dass die Erde von einer Lufthülle umgeben ist. Auf einem Himmelskörper ohne Atmosphäre, wie zum Beispiel dem Mond, ist der Himmel tagsüber genauso schwarz wie in der Nacht. Die Sonne scheint zwar auch dort, aber ihr Licht kann sich ungehindert bis zur Mondoberfläche bewegen; auf der Erde wird es dagegen durch die Atmosphäre beeinflusst. Ich habe im letzten Kapitel, als es um den grünen Blitz der Sonne ging, schon von der Lichtbrechung gesprochen. Durch das, was wir inzwischen zudem über die blauen Blitze der Überlichtgeschwindigkeit gelernt haben, ist nun auch klar, warum ein Lichtstrahl seine Richtung ändert, wenn er sich von einem Medium in ein anderes bewegt. Die Lichtbrechung sorgt einerseits für eine Richtungsänderung, andererseits aber auch dafür, dass sich das weiße Mischlicht der Sonne in seine farbigen Anteile aufspaltet, da die Brechung die verschiedenen Farben unterschiedlich stark betrifft. Dieser Effekt ist aber zu klein, um unter normalen Umständen etwas am farblichen Eindruck der Sonne zu ändern, und kann auch nicht erklären, warum der Himmel blau ist. Dafür müssen wir uns mit der Lichtstreuung beschäftigen. Dieses Phänomen wird uns später auch zeigen können, wo anderswo im Universum Planeten entstehen.

Wenn das Licht der Sonne auf kleine Partikel, Teilchen oder die Moleküle und Atome in der Erdatmosphäre trifft, wird es davon beeinflusst. Was dabei passiert, hängt vor allem von der Größe der Objekte ab. Der für die Farbe des Himmels relevante

Prozess wird »Rayleigh-Streuung« genannt und tritt immer dann auf, wenn Licht auf Teilchen trifft, die im Vergleich zu seiner Wellenlänge deutlich kleiner sind. Das ist zum Beispiel bei den Sauerstoff- und Stickstoffmolekülen der Fall, die den Großteil der Erdatmosphäre ausmachen. Das Sonnenlicht, das sich durch diese Molekülmischung hindurchbewegt, regt dabei die Elektronen in der Hülle der Atome an (so ähnlich, wie es das überlichtschnelle Elektron in der Geschichte über die blaue Tscherenkow-Strahlung getan hat). Die angeregten Atome senden nun ebenfalls Licht aus – aber nicht unbedingt nur in die Richtung, in die sich der ursprüngliche Lichtstrahl bewegt hat, sondern in alle möglichen Richtungen. Das einfallende Licht wird also verstreut, und wie stark das passiert, hängt ein weiteres Mal von der Farbe ab. Die Lichtstreuung ist für blaues Licht am stärksten und am schwächsten beim roten Anteil.

Wenn das Sonnenlicht auf die Atmosphäre der Erde trifft, dann zerstreut sich also vor allem der blaue Anteil seiner Mischung in alle möglichen Richtungen. Und wenn wir zum Himmel schauen, trifft dieser Anteil daher auch von überall auf unsere Augen. Deswegen ist der Himmel blau. Wenn wir nun dorthin schauen, wo sich die Sonne befindet, sehen wir Licht, dem ein Teil des Blaus fehlt, wodurch die Sonne einen leicht gelblichen Eindruck erweckt.

Licht wird natürlich nicht nur an den Luftmolekülen gestreut, sondern auch an all dem, was da sonst noch so in unserer Atmosphäre herumschwebt. Zum Beispiel Wassertröpfchen, die zwar immer noch klein, aber deutlich größer als Moleküle und damit auch größer als die Wellenlänge des Lichts sind. Hier läuft die Streuung anders ab: Einerseits hängt das Ausmaß der Streuung kaum oder gar nicht von der Wellenlänge ab, und das gestreute Licht ist so weiß, wie es das ursprüngliche Sonnenlicht war. Andererseits wird das Licht im Gegensatz zur Rayleigh-Streuung nicht in alle möglichen Richtungen umgelenkt, sondern bewegt sich tendenziell in die Richtung weiter, in die es davor schon unterwegs war. Wenn sich an unserem Himmel also größere Ansammlungen von Wassertropfen befinden, dann sehen wir sie als vergleichsweise scharf abgegrenzte, weißliche Gebilde, auch bekannt als »Wolken«. Aber auch Ruß- und Staubpartikel können diese Art der Streuung verursachen und den Himmel weißlich dunstig erscheinen lassen.

Es gibt noch diverse andere Arten der Lichtstreuung, aber das wirklich Spannende daran ist, dass dieser Effekt dafür sorgt, dass wir etwas indirekt beobachten und erforschen können, das ansonsten unsichtbar wäre. Wir können die winzigen Wassertröpfchen, die Staubpartikel oder die Moleküle der Atmosphäre nicht direkt sehen. Aber wir wissen, dass sie vorhanden sein müssen, weil das Licht an ihnen gestreut wird. Und das macht es sogar möglich, sehr viel weiter entfernten Staub zu beobachten – nämlich den Staub, der am Anfang eines Planetensystems steht.

»Es ist alles aus Staub geworden und wird wieder zu Staub.« Das steht in der Bibel, und dort bezieht es sich auf die Vergänglichkeit des Menschen.* Astronomisch betrachtet ist der Satz aber überraschend richtig. Das gesamte Universum ist zwar nicht aus Staub entstanden, aber immerhin die Erde und alle anderen Planeten ebenso. Mit dem Begriff »Staub« meint man aber in der Astronomie nicht unbedingt das, was wir im Alltag darunter verstehen. Das, was sich bei uns zu Hause in den Ecken und unter dem Sofa auftürmt, besteht im Wesentlichen aus unseren Hautschuppen (und denen unserer Haustiere, sofern wir

* Prediger 3,20, nach Martin Luthers Übersetzung, revidiert 2017.

welche haben), aus Abrieb von Kleidung und Möbeln, aus Haaren, Pflanzenteilen, Pollen, diversen toten, aber auch lebendigen Milben, Bakterien, Insekten und anderen winzigen Lebewesen, Ruß, Sand, Gesteinsbröckchen und noch jeder Menge anderem Zeug, über das man gar nicht so genau Bescheid wissen will. Im Weltall findet man diesen Hausstaub natürlich nicht. In der Astronomie wird dafür mehr oder weniger alles als Staub bezeichnet, was größer als ein paar Atome und kleiner als ein paar Millimeter ist. Das können tatsächlich größere Moleküle sein, kleinste Eisstückchen oder winzigste Gesteinsbröckchen, also Mischungen aus Silicium, Sauerstoff und anderen chemischen Elementen, die sich im Laufe der Zeit gefunden und miteinander verbunden haben. Und wenn wir wissen wollen, wie Planeten entstehen, dann geht es um genau diese Verbindungen.

Die Geschichte, die man in diesem Fall üblicherweise erzählt, geht so: Am Anfang gab es nur eine große Wolke aus Gas und Staub. Durch äußere Einflüsse ist diese Wolke in sich zusammengefallen und hat einen Stern gebildet. Das Material, das dabei übrig geblieben ist, hat sich in einer Scheibe um den jungen Stern angesammelt. Dort sind die Gas- und Staubteilchen miteinander zusammengestoßen und dadurch immer größer und größer geworden. Aus Gas und Staub sind zuerst große Brocken aus Gestein und Eis geworden, die wiederum miteinander kollidiert und immer weiter angewachsen sind. Auch diese jetzt schon viele Dutzend Kilometer großen Objekte sind im Laufe der Zeit miteinander zusammengestoßen, verschmolzen, und am Ende sind so die Planeten entstanden.

Diese Geschichte ist nicht falsch, aber sie unterschlägt ein paar relevante Informationen. Zum Beispiel, dass aus einer kollabierenden kosmischen Wolke nie nur ein einzelner Stern entsteht, sondern normalerweise gleich ein paar Hundert auf einmal. Aber viel wichtiger für die Entstehung der Planeten ist die Tatsache, dass der Prozess vom Staub zum ausgewachsenen Himmelskörper zwar irgendwie so abgelaufen sein muss, wie gerade beschrieben – wir aber gerade, was den Anfang angeht, immer noch nicht wissen, was da genau passiert ist.

Wir wissen, dass die kosmischen Wolken, aus denen die Sterne und Planeten entstanden sind, vor allem aus Wasserstoff und Helium bestehen. Aber im Laufe der Zeit haben sich dort auch diverse andere chemische Elemente angesammelt, die von den frühen Sternen durch deren Kernfusion erzeugt worden sind. Als diese Sterne dann ihr Leben beendet haben, haben sie diese Elemente ins All hinausgeschleudert, wo sie sich in den Wolken zu dem verbinden konnten, was wir in der Astronomie »Staub« nennen. Aber auch die Sterne selbst erzeugen Staub, wenn sie gegen Ende ihres Lebens anfangen, ihre äußeren Atmosphärenschichten abzustoßen, und es dort kühl genug wird, damit sich die Elemente miteinander verbinden können.

Kurz gesagt: In den kosmischen Wolken haben wir Wasserstoff, Helium und andere Atome, und wir haben diverseste Arten von Staub. Diese chemische Zusammensetzung finden wir dann auch in den Scheiben, die sich nach dem Kollaps der Wolken um die jungen Sterne bilden. Die extrem großen und heißen Sterne pusten das Material ihrer Scheiben mit ihrer starken Strahlung größtenteils oder komplett ins All hinaus; bei den etwas kühleren Sternen bleibt genug übrig, um eine Scheibe zu bilden. Dort wirbelt das ganze Zeug um den Stern herum, und es kommt natürlich zu Kollisionen, bei denen die Staubkörnchen sich verbinden und wachsen können. Aber wenn der Zusammenstoß zu heftig wird, dann kann auch das Gegenteil passieren, und die größeren Teilchen werden zu kleineren Objekten zertrümmert. Und genau hier liegt das Problem im aktuellen

Verständnis der Wissenschaft. Wir wissen nicht, wie genau aus den winzigen Staubteilchen größere Brocken werden, womit in diesem Fall Körnchen von ein paar Millimetern Durchmesser gemeint sind.

Alles, was danach passiert, ist vergleichsweise klar. Hier funktioniert der Prozess mit dem Anwachsen durch Kollision. Und sobald die Brocken so groß sind, dass sie selbst eine nennenswerte Gravitationskraft ausüben, gibt es einen weiteren Weg des Wachstums hin zu den Planeten. Natürlich gibt es beim ganzen Prozess der Planetenentstehung noch jede Menge Aspekte, die wir nicht verstehen. Aber gerade der Anfang, der Schritt von den mikroskopischen Teilchen zu den winzigen Staubkörnchen – der ist noch ungeklärt. Man geht davon aus, dass auch Phänomene wie elektrische Aufladung durch Reibung, Blitze, magnetische Kräfte zwischen den Teilchen und vieles mehr eine wichtige Rolle spielen. Aber bis diese Frage irgendwann geklärt ist, sofern das überhaupt irgendwann passiert, müssen noch sehr viele Daten gesammelt werden. Zentral dabei ist die Beobachtung des vom Staub gestreuten Lichts.

Vielleicht hat sich in der Zwischenzeit der eine oder die andere die Frage gestellt, wie man in der Astronomie überhaupt in der Lage ist, außerirdischen Staub zu erforschen. Es ist ja oft schon schwer genug, Sterne zu beobachten, und die meisten Planeten außerhalb unseres Sonnensystems können wir überhaupt nur indirekt nachweisen. Wie sollen wir da, selbst mit den besten Teleskopen, etwas im fernen Weltall sehen, wofür wir selbst hier auf der Erde ein Mikroskop brauchen?

Das geht nicht, so viel ist klar. Aber auch wenn die Staubkörnchen sehr klein sind – es gibt sehr viele davon. Wenn sie sich in der Nähe eines Sterns befinden, werden sie von dessen Strahlung aufgewärmt. Diese Energie geben sie dann wieder ab und leuchten im infraroten Licht der Wärme. Für unsere Augen ist das zwar unsichtbar, aber es gibt passende Teleskope, die diesen Teil des Lichtspektrums registrieren können. Auf diese Weise haben wir schon bei jeder Menge junger Sterne Scheiben aus Gas und Staub gesehen. Das Material in solchen »protoplanetaren Scheiben« wärmt sich aber nicht einfach nur auf. Der Staub streut auch das Licht der Sterne, und genau wie beim Blau des Himmels und dem Rot der Wolken hängt die Farbe des gestreuten Lichts von der Größe der Staubteilchen ab und vor allem von ihrer Form.

Denn auch wenn der Staub klein ist, können die unterschiedlichen Körnchen verschiedene Formen annehmen. Dass die Größe einen Einfluss auf das gestreute Licht hat, haben wir schon bei den Prozessen gesehen, die den Himmel blau und die Wolken weiß aussehen lassen. Die exakte Form spielt aber eine ebenso wichtige Rolle. Der kosmische Staub sieht nicht einfach aus wie ein Haufen winziger Kieselsteine (obwohl auch die eine erstaunliche Vielfalt an Formen aufweisen können). Die Staubkörnchen können kompakt sein oder lang gestreckt. Sie können verästelt sein, viele Hohlräume haben oder weniger porös sein. Ihre Form und Größe bestimmen, wie sie das Licht streuen und welche Farbe im Streulicht am Ende dominiert. Wir können das Verhalten des kosmischen Staubs auf der Erde erforschen, indem wir Experimente mit unterschiedlich geformten Proben durchführen. Es ist aber mittlerweile auch möglich, die Lichtstreuung an Staub direkt im Computer zu simulieren. So hat man zum Beispiel herausgefunden, dass »fluffiger« Staub das Streulicht eher in Richtung Blau verschiebt, kompaktere Teilchen dagegen rötliches Licht erzeugen.

Diese Ergebnisse können wir dann mit dem Licht vergleichen, das wir von den realen protoplanetaren Scheiben im All beobachten. Wir können dann zwar immer noch nicht direkt dabei zusehen, wie die winzigen Staubkörner die ersten Schritte auf dem Weg zu ihrer Zukunft als Planeten gehen. Aber wir können auf jeden Fall mehr über das lernen, was wir bis jetzt noch nicht verstanden haben. Aus dem Streulicht unterschiedlich alter protoplanetarer Scheiben lässt sich ableiten, wie die Größenverteilung des Staubs zu verschiedenen Zeiten des Wachstumsprozesses aussieht. Mit dem Wissen über die Form der Teilchen können wir besser nachvollziehen, ob sie bei Kollisionen eher zerstört werden oder zu größeren Brocken anwachsen.

Bis sich eine Scheibe aus Staub zu einem fertigen Planetensystem entwickelt hat, dauert es ein paar Dutzend Millionen Jahre. Wir werden hoffentlich schneller verstehen, wie dieser Prozess abläuft. Ob unter all den Planeten, die im All gerade entstehen, auch einer ist, dessen Himmel so blau leuchtet wie der Himmel der Erde, werden wir aber vermutlich noch lange nicht in Erfahrung bringen können. Aber wenn wir den Prozess der Planetenentstehung einmal detailliert beschreiben können, dann wird das Wissen über den blauen Himmel der Erde dabei eine wichtige Rolle gespielt haben.

Es ist übrigens auch der Staub, der uns die Himmelskörper sehen lässt, die die letzten Spuren der Entstehung unseres eigenen Sonnensystems mit sich tragen. Es sind Objekte, die wir Menschen schon genauso lange beobachten wie die Sterne selbst, über deren wahre Natur wir aber über lange Zeit keine Ahnung hatten und die immer wieder für Angst und Schrecken sorgten. Es handelt sich um die Kometen. Und auch wenn sie an sich keine »blauen« Himmelskörper sind, spielt diese Farbe in diesen speziellen Geschichten zumindest indirekt eine wichtige Rolle.

Dass die Menschen früher Angst vor Kometen hatten, ist auf eine gewisse Weise verständlich. Wenn sie am nächtlichen Himmel (oder manchmal sogar tagsüber) erscheinen, dann bricht dieser Anblick mit unseren üblichen Erwartungen. Am Tag strahlt die helle Sonne, in der Nacht sieht man das ruhige Licht des Mondes, der mal als Vollmond und mal als Sichel erscheint. Dazwischen leuchten mehr oder weniger helle Sterne, und manche dieser Lichtpunkte, die man »Planeten« getauft hat, bewegen sich zwischen ihnen hindurch, aber auf eine Art und Weise, die man durch geduldige Beobachtung näherungsweise vorhersagen kann. Komplett unvorhersehbar auftauchende Erscheinungen am Himmel sind daher vergleichsweise beunruhigend. Ein helles, neblig leuchtendes Objekt, das einen langen Schweif aus Licht hinter sich herzieht. Seine Form und auch der Anblick des Schweifs verändern sich. Manchmal ist sogar mehr als nur ein Schweif zu erkennen. Das rätselhafte Ding bewegt sich über den Himmel, ist tage- oder gar wochenlang zu sehen, bevor es genauso unvorhersehbar, wie es gekommen ist, wieder verschwindet.

Aus damaliger Sicht war klar, dass diese komischen Erscheinungen nicht einfach nur so am Himmel auftauchen. Die Kometen mussten eine Bedeutung haben, sie mussten ein Zeichen für irgendetwas sein. Für die Geburt eines Königs, den Sieg in einer wichtigen Schlacht oder eine baldige gute Ernte. Oder aber für kommenden Krieg, Krankheitsausbrüche, Tod und Verderben und das nahende Ende der Welt – je nach aktueller Stimmungslage. Allgemein hat man die Kometen wohl eher als Vorzeichen für Katastrophen und Unglück aller Art gedeutet. Sie waren Warnungen der Götter oder des einen Gottes, denn immerhin steht im Neuen Testament: »Es wird gewaltige Erdbeben und an vielen Orten Seuchen und Hungersnöte geben;

schreckliche Dinge werden geschehen und am Himmel wird man gewaltige Zeichen sehen.«* Und was soll ein Komet sein, wenn nicht ein »gewaltiges Zeichen« am Himmel?

Eines dieser Zeichen, das die Menschen durch die Jahrhunderte begleitet hat, war der Komet, den wir heute als den »Halleyschen Kometen« bezeichnen. Seine Beobachtung ist auf babylonischen Keilschrifttafeln aus dem 2. Jahrhundert vor Christus dokumentiert, er ist auf dem berühmten Wandteppich von Bayeux abgebildet, der die Eroberung Englands durch die Normannen im Jahr 1066 bildlich darstellt, und auf Gemälden aus dem Mittelalter und der frühen Neuzeit. Aber erst im 18. Jahrhundert hat man herausgefunden, dass es sich bei all diesen Beobachtungen um dasselbe Himmelsobjekt handelt. Der englische Astronom Edmond Halley war ein Zeitgenosse und Freund von Isaac Newton und hat dessen frisch entwickelte Theorie der Gravitation genutzt, um herauszufinden, wie die Anziehungskraft der Sonne die Bewegung von Kometen beeinflusst. Er hat diverse historische Beobachtungen miteinander verglichen und dabei entdeckt, dass Kometen gar nicht so unvorhersehbar über den Himmel ziehen wie bisher gedacht. Auch sie halten sich an das Gravitationsgesetz und bewegen sich um die Sonne herum. Sie tun das aber auf sehr viel länger gestreckten Bahnen als die Planeten. Der Komet, der später Halleys Namen tragen sollte, kommt der Sonne zum Beispiel deutlich näher als die Erde. Er entfernt sich aber auch bis weit hinter die Bahn des Neptun. Für einen Umlauf um die Sonne braucht er circa 76 Jahre, und solange er sich dabei im äußeren

* Lukas, 21,11, Einheitsübersetzung der Heiligen Schrift, 2016 – und ich werde mich bemühen, die Bibel in diesem Buch kein drittes Mal zu zitieren.

Sonnensystem befindet, können wir ihn nicht sehen. Edmond Halley sagte ein erneutes Auftauchen des Kometen für das Jahr 1758 voraus – und genauso ist es auch passiert. Halley war zu diesem Zeitpunkt leider schon seit zwölf Jahren tot, seinen Namen trägt der Himmelskörper aber immer noch. Er kommt der Erde auch heute noch alle 76 Jahre nahe und sorgt dabei – überraschenderweise – auch immer noch für Panik.

Denn die »Kometenfurcht« ist kein Phänomen der Antike oder des angeblich dunklen Mittelalters. Auch in der aufgeklärten Neuzeit reicht der Anblick eines Kometen am Himmel, um die Menschen in Angst und Schrecken zu versetzen. Als er im Jahr 1910 planmäßig am Himmel sichtbar wurde, war das einerseits eine gute Gelegenheit für die Astronomie, ihn genau erforschen zu können. Andererseits haben genau diese Forschungsergebnisse indirekt und unbeabsichtigt weltweit für Aufruhr gesorgt. Als Halley im Jahr 1835 das letzte Mal sichtbar war, war die Fotografie zwar gerade erfunden worden, in der Astronomie hatte sie sich aber noch nicht so weit durchgesetzt, dass man Bilder von Halley hätte machen können. Auch die Entwicklung der Spektroskopie, die ich im Kapitel über die Farbe Rot ausführlich beschrieben habe, war noch nicht weit genug, um aus dem Licht des Kometen irgendwelche Rückschlüsse über seine Zusammensetzung ziehen zu können. 1910 war man aber schon weiter.

Mittlerweile war auch halbwegs klar, worum es sich bei Kometen eigentlich handelt und warum sie am Himmel so aussehen, wie sie aussehen. Denn eigentlich sollten sie ohne optische Hilfsmittel unsichtbar sein. Ein Komet ist ein Brocken von ein paar Kilometern Größe. Kometen sind, wie auch die Asteroiden, das, was von der im letzten Abschnitt beschriebenen Zeit der Planetenentstehung übrig geblieben ist. Nachdem sich der Staub zu immer größeren Brocken zusammengeballt hat und die wiederum zu den Planeten geworden sind, war noch Material übrig. In unserem Sonnensystem finden wir es einerseits in Form der Asteroiden, die sich vor allem zwischen den Umlaufbahnen von Mars und Jupiter befinden und hinter der Bahn des Neptun. Denn Jupiter ist bei seiner Entstehung schneller gewachsen als die anderen Planeten, und seine starke Gravitationskraft hat die Bewegung der restlichen Brocken in seiner Umgebung so gestört, dass sie keinen Planeten mehr bilden konnten. Und in den äußeren Regionen des Sonnensystems, jenseits der Bahn des Neptun, bewegen sich die Objekte so langsam, dass nicht genug Kollisionen stattgefunden haben, um große Planeten entstehen zu lassen. In diesen äußeren Regionen finden wir auch die Kometen. Der einzige Unterschied zu den Asteroiden ist der Ort, an dem sie sich damals gebildet haben.

Ich habe im letzten Abschnitt erwähnt, dass man in der Astronomie auch Eisbrocken zum »Staub« zählt, der sich in einer protoplanetaren Scheibe befindet. Eis gab es aber natürlich vor allem in großer Entfernung zur Sonne, wo es nicht so heiß war. Der Staub in Sonnennähe hat sich also tendenziell zu Objekten zusammengeballt, die wenig Eis enthalten, die, die weiter weg entstanden sind, enthalten viel davon. Das macht vorerst keinen großen Unterschied, wird aber relevant, wenn Kometen sich der Sonne nähern. Dann werden sie wärmer, und das in ihnen enthaltene Eis wird zu Wasserdampf, der ins All hinausströmt. Dabei reißt er Staubteilchen von der Oberfläche des Kometen mit sich. Der eigentlich nur ein paar Kilometer große Brocken bekommt so eine Hülle aus Staub, die Tausende Kilometer groß sein kann. Und da, wie wir bereits wissen, Staub sehr gut darin ist, Licht zu streuen und zu reflektieren, ist auch klar, dass das der Grund ist, warum Kometen so hell leuchten, dass wir sie auch ohne Hilfsmittel von der Erde aus sehen können. Asteroiden, die wenig Eis enthalten, tun das nicht. Deswegen hat es auch bis zum Jahr 1801 gedauert, bis wir den ersten davon entdeckt haben (aber das ist wieder eine völlig andere Geschichte). Die Staubhülle verhilft den Kometen auch zu ihrem beeindruckenden Schweif: In der Nähe der Sonne kann der Strom an Teilchen aus ihren äußeren Gasschichten, den sie neben ihrer Strahlung ständig hinaus ins All strömen lässt, den Staub aus der Hülle um den Kometen regelrecht davonpusten und so zu einem Millionen Kilometer langen Schweif werden lassen.

Kometen können also äußerst gut zu sehen sein. Im Jahr 1910 hatte man auch schon die Möglichkeit, ihr Licht spektroskopisch zu untersuchen und so herauszufinden, woraus sie bestehen. Wenig überraschend hat man dabei viel Wasser entdeckt. Das Wasser sorgt ja gerade dafür, dass Kometen sich so verhalten, wie sie es tun. Darüber hinaus hat man aber auch andere chemische Verbindungen gefunden, zum Beispiel Kohlenmonoxid und Methan. Am 8. Februar 1910 hat die *New York Times* allerdings vermeldet: »Der giftige Schweif des Kometen: Yerkes Sternwarte entdeckt Cyan im Spektrum des Halleyschen Kometen.« Spuren von Cyan im Kometen – das stimmt, aber nicht ganz. Cyan heißt chemisch korrekt eigentlich »Dicyan« und besteht aus zwei Kohlenstoff- und zwei Stickstoffatomen. Der Name »Cyan« kommt vom griechischen Wort für »Blau«, denn als der schwedische Chemiker Carl Wilhelm Scheele dieses Gas im 18. Jahrhundert das erste Mal isolierte, hat er das bei Experimenten mit einem Farbstoff namens »Berliner Blau« (oder auch »Preußisch Blau«) getan. Der Farbstoff wird auch heute noch verwendet und ist selbst nicht weiter gefährlich für den Menschen. Für das aus ihm gewonnene Dicyan gilt das aber nicht, und schon gar nicht für den Cyanwasserstoff, der sich daraus bilden kann. Diesen chemischen Stoff, der selbst eher farblos ist, kennen wir besser unter seinem Namen »Blausäure«.

Aus dem Nachweis der Kohlenstoff-Stickstoff-Verbindung Dicyan im Staub von Halleys Komet wurde in den Medien also schnell die Nachricht: Halley enthält giftige Blausäure. Als dann auch noch der prominente französische Astronom Camille Flammarion falsch zitiert wurde, war die Panik perfekt. Denn er, so behauptete zumindest die *New York Times*, habe gesagt, dass die Erde dem Schweif des Kometen zu nahe kommen könnte. Dann würde das giftige Gas in unsere Atmosphäre gelangen und alles Leben auf dem Planeten auslöschen. Immerhin erwähnt der Artikel auch noch, dass andere Astronomen das anders sehen und nicht davon ausgehen, dass Gase vom Kometen auf die Erde gelangen könnten, und selbst wenn, dann würde es durch chemische Reaktionen in der Atmosphäre leicht unschädlich gemacht werden.

Aber was irreführende Medienberichte angeht, funktionierten die Menschen damals nicht unbedingt anders als heute. Als die Nachricht vom todbringenden Giftkometen einmal in der Welt war, konnte keine Beschwichtigung vonseiten der Wissenschaft für Ruhe sorgen. Die Menschen kauften Gasmasken, so wie wir zu Beginn der Corona-Pandemie Klopapier und Nudeln gehortet haben. Scharlatane boten Sicherheit durch spezielle »Kometenpillen«, es gab Weltuntergangspartys mit spezieller Kleidung in Kometenoptik und vieles dergleichen mehr. Viele Menschen hatten Angst, manche versuchten die Angst mit rationalen Argumenten zu lindern und manche sie für ihre eigenen finanziellen Zwecke auszunutzen.

Am Ende ist natürlich nichts passiert. Der Komet hat die Erde passiert, ohne die Menschheit zu vergiften. Diese Episode illustriert allerdings wunderbar, welch zwiespältige Rolle Kometen auch in der jüngsten Vergangenheit noch hatten und haben. Sie gelten immer noch allzu schnell als böses Vorzeichen und Bringer des Todes. Die unseriösen Medien schreiben zwar heute nicht mehr von Giftgas, das aus dem Weltall kommt, blasen aber jede noch so unscheinbare Beobachtung eines Asteroiden und Kometen gerne zum nahenden Weltuntergang auf. Andererseits haben wir die Kometen seit 1910 natürlich noch viel besser erforscht. Wir wissen, dass es dort nicht nur Verbindungen wie Dicyan gibt, sondern noch viel mehr und viel komplexere Moleküle. Darunter fallen auch all die Stoffe, die heute als die Grundbausteine des Lebens gelten. Wenn sie in den Kometen vorhanden sind, dann müssen sie auch in der ursprünglichen protoplanetaren Scheibe vorhanden gewesen sein oder konnten sich zumindest dort bilden. Und vielleicht waren es sogar die Kometen, die durch ihre Kollisionen diese Bausteine erst auf unseren Planeten gebracht haben. Dann wären sie nicht die Vorboten von Tod und Verderben, sondern die Boten, ohne die es kein Leben geben würde.

Die Kometen sind, zusammen mit den Asteroiden, die letzten Botschafter aus dieser fernen Vergangenheit. Wir können nicht in die Zeit zurückblicken, als vor 4,5 Milliarden Jahren die Planeten des Sonnensystems entstanden sind. Aber wir können das untersuchen, was heute davon noch übrig ist. Das Licht der Kometen mag den Menschen jahrtausendelang unheimlich vorgekommen sein – dabei kann es uns vielleicht irgendwann unseren eigenen Ursprung zeigen.

VIOLETT

Über violette Lichter, die Geräusche machen. Über den Anfang des Lebens, der vielleicht violett war. Und über das, was man am Ende des Regenbogens dann doch nicht sehen kann.

In den vorangegangenen Kapiteln haben wir gesehen, welche Farbenpracht das Universum zu bieten hat. Allerdings haben wir die bunten Phänomene mit dem intensiven Blick der Wissenschaft in Augenschein genommen – denn wenn wir einfach nur beiläufig zum nächtlichen Himmel schauen, zeigt sich wenig von der bunten Vielfalt des Kosmos. Es gibt allerdings eine Ausnahme: In den Polarregionen der Erde kann man zur richtigen Zeit und bei den richtigen Bedingungen die Nacht in jeder Menge Farben leuchten sehen.

Diese Polarlichter gehören zum Spektakulärsten, was die unbelebte Natur an farbigen Phänomenen zu bieten hat. Scheinbar aus dem Nichts wabern plötzlich farbige Streifen über den Himmel; pulsierende Bänder und Bögen zeigen sich, und bunte Vorhänge aus Licht scheinen in einem unsichtbaren Wind zu wehen. Die Lichter sind vor allem grün und rot, sie können aber auch rosa und violett leuchten. Wenn wir verstehen wollen, was den Nachthimmel zu diesen Farben animiert, müssen wir uns mit einer speziellen Art des violetten Lichts beschäftigen.

Die Ursache für die Polarlichter liegt 150 Millionen Kilometer entfernt von der Erde, in den Gasschichten unserer Sonne. Ich habe im Kapitel über die Farbe Orange schon von den elektromagnetischen »Kurzschlüssen« erzählt, die dazu führen, dass Sterne Teilchen aus ihren äußeren Atmosphärenschichten hinaus ins All schleudern. Im letzten Kapitel über die Farbe Blau haben wir zudem von der kosmischen Strahlung gehört, die zumindest zum Teil ebenfalls aus den Partikeln besteht, die die Sonne in einem ständigen Strom abgibt. Dieser »Sonnenwind« kann uns auf der Erde zum Glück nicht direkt treffen, da wir von unserem Magnetfeld geschützt werden. Aber dieser Schutz hat seine Lücken.

Die Erde hat einen magnetischen Nordpol und einen magnetischen Südpol, und man kann sich das magnetische Feld wie unsichtbare Kraftlinien vorstellen, die sich von einem Pol rund um die Erde herum zum anderen biegen. Wenn die Sonne ihren Wind aus geladenen Teilchen in Richtung Erde schickt, dann werden sie entlang dieser Linien abgelenkt. Und wenn das schon die ganze Geschichte wäre, dann gäbe es keine Polarlichter, die wir beobachten können. Die Sache ist aber deutlich komplexer und sogar so komplex, dass wir die Wechselwirkung zwischen Sonnenwind und Erdmagnetfeld bis heute nicht vollständig verstanden haben. Wir wissen aber, dass unser magnetisches Schutzfeld auf der Tagseite der Erde immer ein wenig zusammengedrückt wird; also genau dort, wo der Sonnenwind quasi frontal auf uns trifft. Die geladenen Teilchen werden vom Feld aber nicht einfach nur von der Tagseite zur Nachtseite hin abgelenkt, sie ziehen die Feldlinien auch ein wenig mit sich mit. Auf der der Sonne abgewandten Seite bildet sich daher eine Art »Magnetfeldschweif« aus. Oder anders gesagt, die Angelegenheit ist, im wahrsten Sinne des Wortes, verwirrend: Das Erdmagnetfeld beeinflusst die Bewegung des Sonnenwindes, und der Sonnenwind beeinflusst seinerseits wiederum die Bewegung des Erdmagnetfeldes. Wenn die Feldlinien dabei zu sehr durcheinanderkommen, kann es zu »Kurzschlüssen« und elektrischen Entladungen kommen. Die dabei frei werdende Energie kann Elektronen in der Umgebung der Erde sehr stark beschleunigen.* Und auch sie folgen bei ihrer Bewegung dem Magnetfeld. In die Nähe der Atmosphäre können sie nur im hohen Norden und Süden gelangen. Denn in den Polarregionen ist das Magnetfeld »durchlässig«; dort laufen die Feldlinien quasi »von oben« kommend aus dem All auf den Pol zu und leiten die Elektronen direkt auf die Atmosphäre. Wenn diese schnellen Teilchen auf die Atome der Lufthülle treffen, dann kann das passieren, was ich im Kapitel über die Farbe Gelb bereits beschrieben habe: Die Atome der Lufthülle werden ionisiert oder angeregt, und sie beginnen zu leuchten. Auch in violetten Tönen, denen wir uns gleich widmen werden. Vor allem aber in Grün. Dieses dominierende Licht wird von den Sauerstoffatomen erzeugt. Der charakteristische rote Teil der Polarlichter wird ebenfalls von angeregten Sauerstoffatomen produziert. Der Unterschied zwischen Rot und Grün hat mit der Höhe zu tun.

Es scheint uns vom Erdboden aus betrachtet zwar so, als wären die Polarlichter eine zusammenhängende Struktur. Aber in Wahrheit stammt das grüne Leuchten aus einer Höhe von etwa 100 Kilometern, und das rote Licht wird sogar um die 250 Kilometer hoch über unseren Köpfen gebildet. Dass der »tiefe« Sauerstoff grün leuchtet und der darüberliegende rot, liegt an der Konzentration. Weiter unten ist die Atmosphäre dichter, das heißt, es gibt dort mehr Sauerstoffatome, und die Chance, dass

* Ein Teil dieser Elektronen stammt aus dem Sonnenwind, aber die meisten davon nicht. Es stimmt also auch nicht ganz, dass die Polarlichter verursacht werden, wenn Teilchen des Sonnenwinds auf die Atmosphäre treffen, wie oft erklärt wird. Der Sonnenwind verformt das Erdmagnetfeld, verursacht elektrische Entladungen, und die sind die Ursache für die Polarlichter.

zwei davon zusammenstoßen, ist größer als weiter oben, wo die Dichte geringer ist. Wenn ein Atom angeregt wird, dann muss es diese zusätzliche Energie irgendwie wieder loswerden. Das geht, wie in den vergangenen Kapiteln erklärt, durch die Abstrahlung von Licht. Es geht aber auch durch die Kollision mit anderen Atomen. Dort, wo es viel Sauerstoff gibt, haben die Teilchen ihre Energie also oft schon durch einen Zusammenstoß verloren, noch bevor sie Zeit hatten, sie als Licht auszusenden. Der Wechsel von einem Energiezustand zu einem anderen, der ja die Voraussetzung für die Abgabe von Licht ist, kann unterschiedlich lange dauern. Wenn die Atome also oft zusammenstoßen, bleibt nur Zeit für die schnellsten dieser Übergänge – und bei Sauerstoff sind das genau die, die grünes Licht erzeugen. In größerer Höhe ist die Konzentration der Teilchen viel geringer, sodass es nicht so oft zu Zusammenstößen kommt. Folglich kann der Sauerstoff dort auch Strahlung abgeben, die bei Übergängen erzeugt wird, die ein bisschen länger dauern. Er tut das im roten Bereich des Spektrums – und deswegen können wir das rötliche Wabern der Polarlichter immer über dem grünen sehen. Für das violette Leuchten kann der Sauerstoff allerdings nicht sorgen. Dafür braucht es ein anderes Atom, nämlich Stickstoff.

Stickstoff ist der häufigste Bestandteil unserer Lufthülle. Wenn er angeregt wird, kann er seine Energie durch viele verschiedene Übergänge loswerden, und die liegen alle im violettblauen und rötlichen Bereich des Spektrums. Je nachdem, wie die An- und Abregung im Detail abläuft, kann der Stickstoff also für ein bläuliches oder ein violettes Polarlicht sorgen. Wie gut die unterschiedlichen Farben tatsächlich zu sehen sind, hängt davon ab, wie tief die Elektronen entlang der Magnetfeldlinien in die Atmosphäre eindringen können. Das violette Leuchten des Stickstoffs entsteht noch unterhalb des grünen Lichts des Sauerstoffs – und dazu muss das Magnetfeld der Erde richtig stark durchgerüttelt werden. Oder anders gesagt: Es braucht nicht nur ein bisschen Sonnenwind, es braucht einen ordentlichen Sonnensturm. Und so ein Ereignis kann nicht nur bunt sein, sondern auch laut. In diesem Buch geht es zwar vor allem um die Farben und unsere Augen, die uns die Farben zeigen. Die Polarlichter kann man aber nicht nur sehen, sondern auch hören. Seit Jahrhunderten gibt es Berichte von Menschen, die ein Dröhnen, Knacken, Knistern, Knallen oder Klatschen gehört haben wollen, während über ihren Köpfen die Nordlichter leuchten. Die Wissenschaft hat das lange Zeit für Einbildung oder Unsinn gehalten. Das, was die Lichter erzeugt, spielt sich um die 100 Kilometer über dem Erdboden ab, und selbst wenn dort oben etwas vor sich gehen sollte, das Geräusche macht, kann es unmöglich so weit entfernt zu hören sein. Aber wie finnische Forscherinnen und Forscher unter der Leitung von Unto Laine an der Aalto Universität herausgefunden haben, sind die lauten Lichter weder Unsinn noch Einbildung.

Im Jahr 2000 haben Laine und sein Team zuerst einmal damit begonnen, Daten zu sammeln. Einerseits Berichte von Augen- und Ohrenzeugen, aber andererseits auch objektive Daten von Messinstrumenten. Und tatsächlich konnten sie Geräusche aufzeichnen, die während der Polarlichtereignisse auftauchten. Im Jahr 2011 wurden die Messungen mit besseren Instrumenten wiederholt und bestätigt. Darüber hinaus konnte man mit den neuen Daten auch den Ort identifizieren, an dem die Geräusche erzeugt werden. Sie wurden nicht Hunderte Kilometer hoch in der Atmosphäre verursacht, sondern nur ein paar Dutzend Meter über dem Boden. Damit war zwar klar, wieso sie zu hören waren – aber nicht, was das alles mit den Polarlichtern zu tun haben könnte. Dieses Rätsel konnte man erst nach weiteren

Messungen im Jahr 2016 lösen. Die Geräusche haben mit einem meteorologischen Phänomen zu tun, das man »Inversionswetterlage« nennt.

Normalerweise sinkt die Lufttemperatur mit der Entfernung vom Erdboden. Der Boden ist noch warm, aber je weiter man sich davon entfernt, desto kälter wird es. Manchmal kann es aber auch genau umgekehrt sein, zum Beispiel, wenn es ein paar Tage lang sonnig und windstill ist. Dann kann die warme Luft nach Sonnenuntergang aufsteigen, ohne sich mit der kalten Luft zu vermischen. Der Boden kühlt aus, die Luft direkt darüber ist kalt, und die warme Luft liegt wie ein Deckel darüber. Dieser Deckel sorgt dann auch dafür, dass sich die elektrisch geladenen Teilchen nicht mehr so gut in der Atmosphäre verteilen können. In der Nähe des Erdbodens finden ständig alle möglichen Prozesse statt (Zerfall radioaktiver Elemente im Gestein, die Reibung zwischen Objekten und vieles mehr), die negativ geladene Elektronen erzeugen. Weiter oben in der Atmosphäre sorgen andere Prozesse (zum Beispiel der Einfluss der UV-Strahlung der Sonne) für einen Überschuss an positiv geladenen Teilchen. Bei einer Inversionswetterlage vermischen sie sich weit weniger stark miteinander als sonst. In der Nähe des Bodens sammeln sich die negativen Ladungen und über dem Luftdeckel die positiven. Wenn der Sonnenwind das Magnetfeld der Erde besonders stark beeinflusst, kann das diesen Effekt noch verstärken – und irgendwann wird die Spannung zwischen den Schichten so groß, dass der Deckel quasi aufklappt, die unterschiedlichen Ladungen aufeinanderprallen und es zu jeder Menge kleinen Entladungen kommt. Diese Mini-Blitze sind es, die die Geräusche erzeugen.

Polarlichter sind ein spektakulärer Anblick, und wer sie selbst sehen (und hören) will, muss nicht nur in der richtigen

Gegend der Erde unterwegs sein, sondern auch noch Glück haben. Abgesehen davon, dass man natürlich einen wolkenlosen und dunklen Nachthimmel für die Beobachtung braucht, steigen die Chancen auf das farbige Spektakel auch mit der Aktivität der Sonne. Je nachdem, wie stark der Sonnenwind gerade ist, sind auch die Polarlichter besser oder schlechter zu sehen. Wir wissen zwar, dass sich die Sonnenaktivität grob zyklisch ändert und dass es circa alle zwölf Jahre eine Phase erhöhter Aktivität und damit auch eine bessere Chance auf Polarlichter gibt. Aber wie und warum die Sonnenstürme wirklich entstehen, wie der Sonnenwind mit dem Erdmagnetfeld wechselwirkt und vor allem wie man das alles verlässlich vorhersagen kann: Das hat die Astronomie noch nicht letztgültig erforscht. Wer das violette Licht der Atmosphäre leuchten sehen will, muss sich also auf eine längere Wartezeit in der kalten Polarwelt einstellen.

Aber mit ausreichend heißer Schokolade, warmer Kleidung und Durchhaltevermögen wird man früher oder später erfolgreich sein und den bunten und vielleicht sogar violetten Himmel beobachten können. Wer allerdings eine violette Erde sehen möchte, braucht dafür schon eine Zeitmaschine. Wir nennen die Erde gerne den »Blauen Planeten«. Vom Weltall aus betrachtet, ist sie auch ziemlich blau, was vor allem an den Ozeanen liegt, die zwei Drittel ihrer Oberfläche bedecken. Aber erstens geht es in diesem Kapitel nicht um die Farbe Blau, zweitens könnte man die Erde bei genauerer Betrachtung durchaus auch als »Grünen Planeten« bezeichnen, und drittens war sie früher vielleicht einmal ein »Violetter Planet«.

So blau die Meere heute sind, an Land ist unser Planet tendenziell grün. Und auch im Wasser leben jede Menge grüne Lebewesen, die uns, wenn sie zum Beispiel in Form einer Algenplage überhandnehmen, den Sommerurlaub am Meer verderben können. Warum das Leben auf der Erde zur Farbe Grün neigt, haben wir schon im entsprechenden Kapitel geklärt. Dort habe ich auch erwähnt, dass es eigentlich keinen zwingenden Grund gibt, warum Pflanzen grün sein müssen. Sie sind es, weil sie für ihre Energieversorgung den Farbstoff Chlorophyll verwenden, der grün ist. Aber Sonnenlicht lässt sich auch anders in Energie umwandeln, wie wir durch andere Lebewesen wissen, die genau das tun. Statt Chlorophyll nutzen sie etwas, das »Bakteriorhodopsin« genannt wird. Und auch wenn darin eine Verwandtschaft zum Wort »Bakterien« zu erkennen ist, sind es nicht sie, die es verwenden, sondern Archaeen, bei denen es sich ebenfalls um Mikroorganismen handelt. Die Herkunft der Archaeen zu erläutern würde an dieser Stelle zu weit führen.* Aber für den Zweck dieses Kapitels ist es sowieso nur wichtig zu wissen, dass das Bakteriorhodopsin purpurfarben ist.

Zu den Mikroorganismen, die diesen Farbstoff für ihre Energiegewinnung nutzen, gehören unter anderem die Halobakterien (die ebenfalls keine Bakterien sind, sondern Archaeen – auch in der Biologie hält man gerne an alten Bezeichnungen fest, auch wenn sie wissenschaftlich längst überholt sind). Sie leben in extrem salzhaltigen Gewässern, und dort, wo besonders viele von ihnen zu finden sind, färben sie das Wasser in unterschiedlichen Tönen von Violett und Rosa. Die lila Mikroorganismen sind übrigens auch der Grund für die entsprechende Färbung von Flamingos. Sie ernähren sich von kleinen Krebsen, die sich wiederum von den Mikroorganismen ernähren. Im

* Und ich habe diese Geschichte gemeinsam mit meinem Kollegen Helmut Jungwirth schon in unserem Buch »Eine Geschichte der Welt in 100 Mikroorganismen« (Hanser 2021) ausführlich erzählt.

Laufe der Zeit sammelt sich der Farbstoff auf diese Weise in den Vögeln an und verleiht ihnen ihre charakteristische Farbe. Aber solange die Flamingo-Populationen nicht völlig außer Kontrolle geraten, wird die Erde selbst dennoch ein blauer beziehungsweise grüner Planet bleiben.

Früher könnte das anders gewesen sein. Wir wissen, dass Organismen wie die das Bakteriorhodopsin nutzenden Archaeen das älteste Leben auf der Erde repräsentieren. Es ist durchaus vorstellbar, dass früher alle Lebewesen auf diese Weise Fotosynthese betrieben haben (Lebewesen, die keine Mikroorganismen sind, sind bekanntlich erst lange nach der Entstehung des Lebens auf der Erde aufgetaucht). Als sich das Leben vor circa 3,5 Milliarden Jahren entwickelte, könnte das die vorherrschende Methode gewesen sein, die erst später vom effektiveren grünen Chlorophyll verdrängt wurde. Wenn man damals aus dem Weltall auf die Erde schaute, dann sah man dort vielleicht keine blauen Ozeane, sondern solche, die violett gefärbt waren. Das lässt sich heute natürlich nicht mehr überprüfen. Es gibt keine Fossilien aus dieser Zeit – und abgesehen davon, enthalten Fossilien generell ohnehin keine Farbstoffe, die wir untersuchen könnten. Aber wir können diese Idee bei unserer Suche nach außerirdischem Leben berücksichtigen. Nicht indem wir die »kleinen grünen Männchen« durch violette Aliens ersetzen – sondern bei der Auswahl der Biosignaturen, auf die wir uns bei der Erforschung der Planeten anderer Sterne konzentrieren.

Wenn das Leben auf der Erde tatsächlich violett begonnen hat, dann kann es auch anderswo mit dieser Farbe gestartet sein. Da wir immer noch nicht wissen, wie und aus welchen Gründen sich das Leben entwickelt hat, ist es durchaus denkbar, dass es vielleicht tatsächlich sogar auf diese violette Weise entstehen muss. Wenn Leben im Universum zahlreich anzutreffen ist – zumindest Leben in seiner einfachen Form, in der Art von Mikroorganismen, Algen und Pflanzen –, dann werden wir mit den Teleskopen der nächsten Generation vielleicht tatsächlich Planeten finden, die ausreichend viele Biomarker aufweisen, anhand derer wir dieses Leben nachweisen können. Und dann wird es spannend: Sehen wir im Licht der fremden Welten Hinweise darauf, dass dort Chlorophyll verwendet wird, wie bei uns auf der Erde? Oder werden es violette Welten sein, so wie die Erde es vielleicht selbst einmal war? In dem Fall würde sich natürlich die Frage anschließen, warum die Erde grün wurde, die anderen Planeten jedoch nicht. Vielleicht sehen wir aber auch weder Hinweise auf grünes noch auf violettes Leben, sondern finden etwas völlig anderes. Die Suche nach außerirdischem Leben ist ein Bereich der Wissenschaft, in dem die Fragen die Antworten noch immer um ein Vielfaches überwiegen. Wir werden zuerst eine echte zweite Erde finden müssen, bevor wir den Ursprung des Lebens besser verstehen – und sicher sagen können, mit welcher Farbe alles angefangen hat.

Sollte sich Violett dann wirklich als »Farbe der Schöpfung« herausstellen, dann würde das auch ein wenig für die Tatsache entschädigen, dass Violett ansonsten keine so wichtige Rolle im Kosmos spielt wie der Rest des Regenbogens. Als letzte für unsere Augen noch sichtbare Farbe umfasst Violett nur einen kleinen Bereich am kurzwelligen Ende des Spektrums. Es gibt kaum Phänomene, die ausschließlich in dieser Farbe leuchten. Objekte, die kurzwelliges Licht abgeben, tun das vorrangig im für unsere Augen unsichtbaren ultravioletten Licht. Zudem können wir mit unseren Augen den blauen Bereich besser wahrnehmen als den violetten. Aber das alles heißt nicht, dass es nichts mehr über Violett zu berichten gibt. Ganz im Gegenteil – als letzte Farbe des Regenbogens hat es einiges zu erzählen.

Ich habe die Kapitel dieses Buchs anhand der Regenbogenfarben strukturiert: Rot, Orange, Gelb, Grün, Blau und Violett. Aber warum besteht der Regenbogen genau aus diesen sechs Farben? Wieso ist gerade Violett die letzte von ihnen, und hätte man dazwischen nicht noch mehr unterbringen können? Für eine Antwort müssen wir zurück in das Jahr 1666 reisen, in eine dunkle Kammer in einem Haus im englischen Dorf Woolsthorpe-by-Colsterworth, in der Isaac Newton seine Experimente mit Licht und Glas anstellte. Der damals 23-jährige Physiker hatte die Universität Cambridge verlassen müssen, weil die Pest im Land ausgebrochen war, und sich in seinen Heimatort zurückgezogen. Dort hatte er Zeit und Ruhe, um alle möglichen Phänomene zu erforschen, unter anderem auch das Licht. Er bohrte ein winziges Loch in die Wand einer abgedunkelten Kammer, durch das ein dünner Strahl an Sonnenlicht einfallen konnte. Dann ließ er ihn auf ein Prisma fallen, die Art von speziell geformtem Glas, das uns auch schon im Kapitel über die Farbe Rot begegnet ist. Er konnte beobachten, wie das weiße Sonnenlicht sich beim Durchdringen des Glases in einen bunten Regenbogen aufspaltete. Das war keine neue Entdeckung, andere hatten dieses Phänomen schon zuvor beobachtet. Newton aber konnte zeigen, dass die Farben tatsächlich alle Teil des Sonnenlichts waren – und nicht etwa durch das Prisma selbst erzeugt wurden, wie manche damals meinten. Er konnte die bunte Mischung durch den geschickten Einsatz des Prismas wieder zu weißem Licht werden lassen und auf diese Weise zeigen, dass der Regenbogen nur dann entsteht, wenn man weißes Sonnenlicht verwendet. Schickt man zum Beispiel nur den roten Anteil des Lichts erneut durch ein Prisma, dann kommt am anderen Ende auch nur rotes Licht heraus und kein neuer Regenbogen.

Newtons optische Experimente – von denen die Versuche mit dem Prisma nur einen kleinen Teil darstellten – waren ebenso revolutionär wie seine Theorie über die Gravitation. Er konnte damals fünf Farben unterscheiden: Rot, Gelb, Grün, Blau und Violett. Weil Newton aber nicht nur ein genialer Wissenschaftler war, sondern überraschenderweise auch ein Mystiker mit Hang zur Alchemie und religiösem Fundamentalismus, wollte er gerne sieben Farben im Regenbogen haben, die seiner Meinung nach dann gut zu den Tönen der siebenstufigen Tonleiter passen würden. Und als engagierter Mystiker kannte Newton mit Sicherheit auch die vielen anderen esoterisch relevanten Bedeutungen der Zahl 7: Es gab sieben Himmelskörper, die sich am Himmel deutlich sichtbar bewegten (Merkur, Venus, Mars, Jupiter, Saturn und dann noch Sonne und Mond), sieben Weltwunder der Antike, sieben Weltmeere und so weiter. Also fügte er seinen fünf Farben noch Orange und Indigo hinzu, allerdings nicht ohne anzumerken: »Meine eigenen Augen sind nicht sehr gut darin, Farben zu unterscheiden.« Damit war Isaac Newton nicht allein, denn wer kann schon spontan den Unterschied zwischen »Blau« und »Indigo« benennen? Der Science-Fiction-Autor und Wissenschaftler Isaac Asimov schrieb zum Beispiel in seinem Buch »Eyes on the Universe: A History of the Telescope«, dass Indigo es seiner Meinung nach nicht »wert ist, als eigene Farbe betrachtet zu werden«. Für ihn sehe es einfach nur aus wie ein tiefes Blau.

Das Licht des Regenbogens besteht eben nicht aus klar abgegrenzten Farben. Es sind fließende Übergänge, und es lassen sich keine klaren Grenzen zwischen Rot und Orange, zwischen Orange und Gelb oder eben Blau und Indigo ziehen. Das elektromagnetische Spektrum ist ein natürliches Phänomen; wie wir die Farben darin benennen, ist dagegen eine rein menschliche und kulturelle Angelegenheit. Der Erste, der sich auf einigermaßen wissenschaftliche Art über den Regenbogen geäußert hat, war Aristoteles im 4. Jahrhundert vor Christus. In Band III seiner »Meteorologie« hat er dazu unter anderem festgestellt, dass ein Regenbogen immer aus drei Farben bestehe: Rot, Grün und Violett – wobei er zugab, dass man manchmal noch ein wenig Orange zwischen Rot und Grün sehen könne. So wie Newton hatte auch Aristoteles besondere Motive für diese Wahl, denn laut der von ihm entwickelten Theorie der Farben sind Rot, Grün und Violett die Farben, die sich nicht aus anderen Farben zusammenmischen lassen, und deswegen nicht nur von besonderer Bedeutung, sondern auch natürlicherweise die Bestandteile des Regenbogens.

Bis heute haben zahllose Menschen versucht, die Entstehung des Regenbogens zu verstehen, wissenschaftlich zu erklären und seine Farben zu benennen. Inzwischen hat man sich weitgehend auf die sechs geeinigt, die ich auch für die Kapitel dieses Buchs gewählt habe. Newtons etwas unmotiviertes »Indigo« hat es nicht geschafft, dauerhafter Bestandteil des Regenbogens zu werden.

Farben und die Art und Weise, wie wir sie wahrnehmen und benennen, sind ein komplexes und sehr subjektives Thema. Ebenso komplex, aber wissenschaftlich objektiv fassbar ist das Phänomen des Regenbogens selbst, der ja nicht nur durch Prismen in dunklen Kammern erzeugt werden kann, sondern auch immer wieder auf natürliche Weise am Himmel der Erde zu sehen ist. Die Entstehung eines natürlichen Regenbogens erscheint auf den ersten Blick recht simpel. Sonnenlicht trifft auf Wassertropfen und wird dort, wie in einem Prisma aus Glas, durch Lichtbrechung abgelenkt und spaltet sich in seine einzelnen Farben auf. Aber wenn das schon die ganze Geschichte wäre: Warum sehen wir dann einen einzelnen großen Bogen und nicht einfach nur jede Menge bunte Flecken am Himmel, einen für jeden Tropfen? Und warum ist manchmal ein zweiter Bogen zu sehen, in dem die Farben umgekehrt gereiht sind?

Die Realität ist, wie so oft, sehr viel komplexer. Dass die ganze Angelegenheit etwas mit Wassertropfen zu tun haben muss, war den Menschen schon ziemlich früh klar. Der römische Philosoph und Naturforscher Seneca hat diese Idee schon im 1. Jahrhundert notiert und auch gezeigt, dass sich mit Sonnenlicht und Glas ein künstlicher Regenbogen erzeugen lässt. Die erste mathematische Auseinandersetzung mit dem Phänomen des Regenbogens kam im späten 13. Jahrhundert vom persischen Physiker Kamāl al-Dīn al-Fārisī. Er baute auf der Forschungsarbeit von Alhazen auf, der im 10. und 11. Jahrhundert grundlegende Erkenntnisse zur Optik geliefert hat. Alhazen (beziehungsweise Abū ʿAlī al-Ḥasan bin al-Haiṯam, wie er eigentlich heißt) konnte zum Beispiel die weitverbreitete Vorstellung widerlegen, dass das Auge durch »Sehstrahlen« sieht, also quasi seine Umgebung mit Strahlen »abtastet«, die es selbst produziert. Er stellte entsprechende Experimente mit Linsen und Licht an, um zu demonstrieren, wie ein Bild im Auge erzeugt wird. Auch al-Fārisī experimentierte, um den Regenbogen zu erklären: Er packte ein mit Wasser gefülltes Glas in einen Kasten, in den das Licht nur durch ein kleines Loch einfallen konnte (und nahm damit Newtons Experimente quasi vorweg). Das Wasserglas sollte den Regentropfen darstellen. Indem al-Fārisī die Position der Lichtquelle veränderte, konnte er nicht nur einen künstlichen Regenbogen erzeugen, sondern auch unterschiedliche Arten der Lichtbrechung und Reflexion beobachten und mathematisch beschreiben.

Auch im Europa des Mittelalters beschäftigten sich diverse

Gelehrte mit dem Regenbogen und verstanden ihn Stück für Stück immer besser. Ein vorläufiger Höhepunkt war im 17. Jahrhundert erreicht, als der französische Forscher René Descartes bei seinen Experimenten die Winkel genau beschreiben konnte, unter denen Lichtstrahlen in den verschiedenen Farben aus den vom Sonnenlicht angestrahlten Regentropfen austreten. Dann kam Isaac Newton mit seinen revolutionären Theorien zur Optik und in ihrem Gefolge Schritt für Schritt die moderne Wissenschaft, die zu Beginn des 20. Jahrhunderts mit der Quantenmechanik die bislang beste und umfassendste Theorie zur Beschreibung des Lichts im Allgemeinen und der diversen Reflexions- und Brechungsphänomene im Speziellen lieferte. Was passiert, wenn elektromagnetische Lichtwellen auf Atome und Moleküle treffen, war schon Gegenstand der Kapitel zu den Farben Grün und Blau. All das spielt auch für die Entstehung eines Regenbogens eine Rolle. Um die grundlegenden Phänomene zu beschreiben, kann man aber vorerst auf die Quantenmechanik verzichten.

Damit wir einen Regenbogen sehen können, braucht es eine ausreichende Menge an Wassertropfen in der Luft, aber der Wolkenbruch darf nicht so gewaltig sein, dass er die Sonne komplett verdeckt. Ein leichter, kurzer Sommerregen ist ideal, und wenn danach wieder die Sonne scheint, trifft ihr Licht auf die Wassertropfen, die sich noch in der Luft befinden. Stellen wir uns einen dieser Tropfen vor: Ein Strahl aus weißem Licht dringt ihn in ein und wird dabei abgelenkt. An der inneren Rückseite des Tropfens wird er reflektiert und strahlt wieder aus dem Tropfen hinaus. Weil die unterschiedlichen Farben bei der Reflexion aber unterschiedlich stark abgelenkt werden, ist das austretende Licht keine weiße Mischung mehr, sondern ein buntes, aufgefächertes Lichtbündel aus allen Farben.

Warum sehen wir aber jetzt nicht jede Menge bunte Tropfen am Himmel? Weil es darauf ankommt, unter welchem Winkel wir die Sache betrachten. Das Licht, das so ein Regentropfen reflektiert, wird nicht einfach wahllos in irgendwelche Richtungen abgestrahlt. Rotes Licht verlässt den Tropfen unter einem Winkel von 42 Grad in Bezug auf die Richtung des ursprünglich eingefallenen Sonnenstrahls. Violettes Licht wird unter einem Winkel von 40 Grad reflektiert, und die anderen Farben liegen dazwischen. Bleiben wir vorerst bei der Farbe Violett: Damit das violette Licht in unsere Augen fallen kann, muss auch der Winkel zwischen der Richtung, in der wir zum Regentropfen schauen, und der Richtung zum »Sonnengegenpunkt« 40 Grad betragen.

Das klingt schrecklich geometrisch, und ohne eine Skizze kann man es sich vermutlich nur schwer vorstellen. Tatsächlich bedeutet all das aber vor allem nur, dass wir einen Regenbogen lediglich dann sehen können, wenn wir die Sonne im Rücken haben, die gleichzeitig nicht zu hoch am Himmel stehen darf. Wir benötigen dann aber zum Glück keinen Winkelmesser, um in die richtige Richtung zu schauen. Alle Wassertropfen in der Luft reflektieren das Licht der Sonne und schicken bunte Farben hinaus in die Welt. Den Großteil dieses reflektierten Lichts können wir nicht sehen, weil es nicht auf unsere Augen trifft. Unter den vielen Tropfen am Himmel sind aber immer auch welche, die sich gerade in der korrekten Position befinden, damit das unter dem Winkel von 40 Grad reflektierte violette Licht direkt in unsere Augen gelangen kann.

Natürlich fallen diese Tropfen dann gleich weiter zum Erdboden, aber solange der Regen nicht vollständig zum Erliegen gekommen ist, kommen von oben immer wieder neue nach. Die Gesamtheit der Tropfen, die sich in einem bestimmten Moment in der richtigen Position befinden – sodass wir ihr violettes Licht sehen können –, bildet einen Kreis. Eigentlich sollten wir also nicht nur einen halbkreisförmigen Bogen, sondern einen vollständigen Kreis aus violettem Licht sehen. In der Realität kommt uns da meist der Boden dazwischen, denn da hören die Tropfen auf zu fallen. Wenn wir das Spektakel aber zum Beispiel aus einem Flugzeug betrachten, können wir das Licht von den Tropfen über uns sehen und auch das Licht von den Tropfen, die sich unter uns befinden. In dem Fall sehen wir tatsächlich keinen Regenbogen, sondern einen Kreis in Regenbogenfarben.

Was für das violette Licht gilt, gilt auch für alle anderen Farben. Es gibt Wassertropfen, die gerade so am Himmel stehen, dass ihr grünes Licht in unsere Augen fallen kann, andere Tropfen schicken uns das rote Licht, und so weiter. Am Ende entsteht das vertraute Bild eines Regenbogens. Es ist übrigens immer ein anderes Bild, je nachdem, von welcher Position aus man es betrachtet – denn von jeder Beobachtungsposition aus sind es andere Tropfen, die das Licht gerade passend reflektieren, um es in unsere Augen fallen zu lassen. Daher ist es leider auch sinnlos, das Ende eines Regenbogens zu suchen. Abgesehen davon, dass dort kein Topf aus Gold stehen wird (oder höchstens durch einen sehr überraschenden und glücklichen Zufall), wird man es nie finden. Die Position des Regenbogens hängt immer vom Standpunkt der Person ab, die ihn beobachtet. Bewegt man sich, bewegt sich der Regenbogen mit oder besser gesagt: Man sieht einen neuen Regenbogen, der genau so weit entfernt scheint wie zuvor. Das Ende des Regenbogens ist unerreichbar und statt nach einem Topf mit Gold zu suchen, sollte man lieber Ausschau nach einem zweiten Regenbogen halten. Denn das Sonnenlicht, das in einen Regentropfen fällt, kann darin nicht nur einmal, sondern auch zweimal reflektiert werden, bevor es wieder nach draußen gelangt. Genau wie oben beschrieben kann auch dieses Licht einen Regenbogen verursachen, nur dass er jetzt an einer anderen Position des Himmels zu sehen ist und dass die Farben dieses zweiten Bogens umgekehrt sortiert sind. Dieses doppelt reflektierte Licht tritt unter einem anderen Winkel aus, was nicht nur die Reihenfolge der Farben verändert. Das Licht verliert durch die zweite Reflexion auch ein wenig an Intensität, weshalb der zweite Bogen in der Regel nicht mehr so gut (oder oft gar nicht mehr) zu sehen ist. Rein theoretisch könnte man auch drei, vier oder noch mehr Regenbögen sehen, die von Lichtstrahlen stammen, die im Inneren der Tropfen dreimal, viermal und häufiger reflektiert worden sind. Aber dieses Licht ist so schwach, dass es so gut wie nie zu sehen ist.*

Das ist eigentlich nicht weiter schlimm, denn selbst ein einzelner Regenbogen ist bekanntlich ein beeindruckendes Phänomen. Der eine oder die andere mag sich bei der Lektüre der letzten Seiten auch gefragt haben, ob man diesen Anblick nicht einfach nur genießen kann, anstatt sich mit Reflexionswinkeln, Lichtbrechung und Optik zu beschäftigen. Kann man Dinge nicht einfach nur schön finden, ohne das Geheimnis ihrer Schönheit wissenschaftlich zu sezieren? Diesen Vorwurf könnte man auch diesem ganzen Buch machen. Nimmt die Erklärung der wissenschaftlichen Hintergründe den Farben des Universums nicht ihren Zauber? Ich hoffe, dass diejenigen, die den Farb-Geschichten bis hierher gefolgt sind, die Sache

* Was man dagegen mit etwas Glück beobachten kann, ist ein Regenbogen, der nicht vom Licht der Sonne, sondern von dem des Mondes verursacht wird. Solche »Mondbögen« sind aber meist nicht so farbintensiv, weil unsere Augen die Farben in der Dunkelheit nicht gut unterscheiden können.

anders sehen. Aber die Sichtweise, dass sich eine wissenschaftliche Betrachtung der Welt nicht mit der Wahrnehmung ihrer Schönheit vereinbaren lässt, ist nicht neu. Einer, der sich in besonderer Weise damit auseinandergesetzt hat, war der britische Dichter John Keats, der in seinem 1819 veröffentlichten Gedicht »Lamia« unter anderem diese Zeilen schrieb:

> »Denn flieht nicht aller Zauber vor den Tücken
> Nüchterner Denkungsart? Da war einmal
> Ein Regenbogen hehr am Himmelssaal:
> Jetzt kennt man sein Gewebe, seinen Bau,
> Die Wissenschaft erklärte ihn genau
> Und rubrizierte ihn wie andre Dinge.
> Philosophie wirft ihre kecke Schlinge
> Um Engelsschwingen und um Zauberpracht
> In Luft und Bergesschoß und Meeresnacht,
> Zerreißt die Wunder.«*

Die »kalte Philosophie«, so Keats im englischen Original, habe den wunderbaren Regenbogen »entzaubert«, die Geheimnisse der Welt würden durch die Erforschung der Naturgesetze ihre Mysterien verlieren. Mit »Philosophie« meint er das, was wir heute als Naturwissenschaften bezeichnen. Man kann das natürlich so sehen. Auch gegenwärtig gibt es genügend Menschen, die einen Gegensatz zwischen Naturwissenschaft und Emotionen zu erkennen glauben und sich vom »genauen Wissen« über die Dinge nicht deren Schönheit »verderben« lassen wollen. Das in vielen Medien und der Popkultur immer wieder reproduzierte Zerrbild zeigt Naturwissenschaftler gern als emotionslose,

* Deutsch von Gisela Etzel (Insel Verlag 1910).

nüchterne Menschen, die sich nur für Zahlen, Daten und Fakten interessieren und die »normale« Welt der Emotionen, Kunst und zwischenmenschlichen Beziehungen nicht verstehen und auch nicht verstehen wollen. (Es sind übrigens auch so gut wie nie Naturwissenschaftlerinnen, die auf diese Weise gezeigt werden; vermutlich, weil eine forschende Frau nicht zu den Vorurteilen passt, die man Frauen ganz allgemein entgegenbringt, und weil Frauen gerne genauso klischeehaft als »überemotional« dargestellt werden, wie man männlichen Wissenschaftlern ihre Emotionen abspricht.)

Fest steht: Schönheit und Wissenschaft müssen keine Gegensätze sein, ganz im Gegenteil. Das Wissen um die wahre Natur der Dinge, eine korrekte mathematische Formel, ein kluges Theoriegebäude, ein perfekt designtes Experiment, das großartige Ergebnisse hervorbringt – all das kann auf die gleiche Weise »schön« sein wie eine Symphonie, ein Gemälde oder eine Statue. Die Welt nicht einfach nur zu betrachten, sondern tatsächlich zu verstehen, löst außerdem auch Emotionen aus – auch hier stimmt der vermeintliche Widerspruch also nicht. Wie es der amerikanische Physiker und Nobelpreisträger Richard Feynman ausgedrückt hat: »Es kommt immer nur Schönheit dazu.« Den Regenbogen zu verstehen macht ihn nicht weniger schön. Aber das Verständnis macht es möglich, seine Schönheit auf eine grundlegend andere Art zu begreifen als zuvor. Das gilt auch für den Rest der Wissenschaft: Das Universum besser zu verstehen bedeutet, dass sich zu unserer Faszination auch das Wissen gesellt, warum es uns so fasziniert. Und niemand muss fürchten, dass uns irgendwann einmal die Rätsel ausgehen. Jede neue Erkenntnis wirft sofort jede Menge neue Fragen auf. Die Geheimnisse werden uns nicht ausgehen, und es wird immer genug Mysterium in der Welt sein.

DER GROSSE REST

Über unbunte Farben, mit denen wir den Boden über unseren Köpfen verstehen können. Über das schwarze Zeitalter des Universums. Über goldenes Gold und silbernes Silber. Über türkisfarbene Planeten, deren Farbe nicht so leicht zu fassen ist, wie man glauben würde.

Rot, Orange, Gelb, Grün, Blau und Violett sind die Regenbogenfarben, auf die wir uns mehr oder weniger geeinigt haben. Darüber hinaus sind es auch »Spektralfarben«, also Farben, die im elektromagnetischen Spektrum enthalten sind. Regt man Atome auf die richtige Weise an, erhitzt man Materialien auf die richtige Temperatur oder lässt sonst einen der physikalischen Prozesse ablaufen, die elektromagnetische Strahlung im für unsere Augen sichtbaren Bereich erzeugen, dann können dabei diese Farben entstehen. Aber natürlich gibt es sehr viel mehr Farben als die sechs, die uns in den bisherigen Kapiteln als Protagonisten begegnet sind. Dazu gehören etwa Indigo oder Türkis, die durchaus auch im Lichtspektrum zu finden sind, die es aber nicht zu »offiziellen« Regenbogenfarben gebracht haben. Wir sehen aber auch Farben, die im Spektrum nirgendwo zu finden sind – und Farben, die eigentlich gar keine sind. In diesem Kapitel über den großen Rest werden wir einen Blick auf diese Farben werfen, die auch ohne Regenbogen-Prominenz Aufregendes zu erzählen haben.

Da sind zum Beispiel die »unbunten« Farben: So nennt man

Farben, die keinen Farbton und keine Sättigung haben. Das Einzige, was sie auszeichnet, ist ihre Helligkeit. Das trifft zum Beispiel auf Schwarz und Weiß zu und ebenso auf die unterschiedlich hellen Graustufen, die sich aus den beiden zusammenmischen lassen. Grau ist in den meisten Zusammenhängen keine sonderlich attraktive Farbe; wir assoziieren damit Beton, Langeweile, Bürokratie und andere unangenehme Dinge. Aus astronomischer Sicht ist Grau aber nicht nur äußerst relevant, sondern eine Farbe, die wir an sehr vielen Orten des Universums finden können.

Als am 20. Juli 1969 Neil Armstrong und Buzz Aldrin als erste Menschen auf dem Mond landeten, sahen die meisten Menschen die Live-Bilder dieses historischen Ereignisses auf Schwarz-Weiß-Fernsehgeräten. Doch auch Farbfernseher hätten keine fundamental andere Ansicht gezeigt, denn der Mond ist ein äußerst grauer Himmelskörper. Sehr viel Farbe war dort generell nicht zu erwarten. Schon vor der Landung wusste man, dass es dort keine Atmosphäre gibt, keine Lebewesen und kein offenes Wasser – und entsprechend auch keinen blauen Himmel, keine grünen Pflanzen und keine Meere oder Seen in Blautönen. Der Mond ist eine sehr große Kugel aus Gestein, und Steine neigen dazu, grau zu sein. Das gilt besonders für das Material, das einen Großteil der Mondoberfläche bedeckt. Man nennt es »Regolith«, was aber auch nur so viel wie »Gesteinsdecke« bedeutet.

Dass ein Himmelskörper wie der Mond eine Kruste aus Gestein hat, ist nicht weiter außergewöhnlich. Das trifft auch auf die Erde zu, nur dass bei uns ganz andere Bedingungen herrschen. Die Erde hat nicht nur eine Kruste aus Gestein, sondern auch einen »Boden«. Wer jetzt denkt: »Ja klar, was denn sonst?«, hat nicht ganz unrecht. Was sonst soll unter unseren Füßen sein als der Boden. Und im Übrigen sind die Astronauten damals auf dem Mond ja auch nicht im Nirgendwo geschwebt, sondern hatten Mondboden unter ihren Stiefeln. »Boden« meint aber nicht nur Untergrund. In den Geo- und Biowissenschaften ist dieser Begriff sehr viel enger definiert. In einem Standard-Lehrbuch wird »Boden« zum Beispiel so definiert: »Boden ist das mit Wasser, Luft und Lebewesen durchsetzte, unter dem Einfluss der Umweltfaktoren an der Erdoberfläche entstandene und im Ablauf der Zeit sich weiterentwickelnde Umwandlungsprodukt mineralischer und organischer Substanzen mit eigener morphologischer Organisation, das in der Lage ist, höheren Pflanzen als Standort zu dienen, und die Lebensgrundlage für Tiere und Menschen bildet.«*

Damit ist auch klar, dass es auf dem Mond keinen Boden dieser Art geben kann. Das Material, in dem Neil Armstrong und Buzz Aldrin ihre Fußstapfen hinterlassen haben, ist definitiv nicht als »Lebensgrundlage für Tiere und Menschen« geeignet. Es war damals übrigens auch nicht mal sicher, ob die beiden überhaupt so etwas wie Fußspuren hinterlassen können oder ob sie nicht vielleicht komplett in der Mondoberfläche versinken würden. Diese Sorge lässt sich verstehen, wenn man sich vor Augen führt, was mit dem Mond im Laufe der Zeit passiert ist.

Eine Eigenschaft, die wir auch von der Erde aus bei unserem Nachbarn erkennen können, sind die vielen Krater auf seiner Oberfläche. Der Mond ist im Laufe seiner Existenz immer wieder von Asteroiden und Kometen getroffen worden. Für die Erde gilt das ebenso, aber hier gibt es zudem Wind, Wasser, Wetter und Lebewesen, die über die Jahrtausende für eine entsprechende Verwitterung sorgen. Alte Krater verschwinden

* D. Schroeder: »Bodenkunde in Stichworten«, 1992.

also irgendwann – auf dem Mond hingegen bleiben sie weitestgehend erhalten. Und nicht nur das: Da der Mond auch keine Atmosphäre hat, können dort nicht nur große Objekte einschlagen und Krater bilden, sondern auch sehr kleine. Wenn winzige Brocken aus dem All auf die Erdatmosphäre treffen, dann sehen wir, wie im Kapitel über die Farbe Gelb beschrieben, eine Sternschnuppe, und der Brocken verglüht. Auf dem Mond schlagen auch diese winzigen Staubkörner aus dem All ungebremst ein und hinterlassen entsprechend winzige Krater. Der Mond ist zudem nicht vor der kosmischen Strahlung aus dem Weltall geschützt. Auf der Erde halten die Atmosphäre und das planetare Magnetfeld die hochenergetischen Teilchen, die von der Sonne und den anderen Sternen ausgestrahlt werden, weitgehend ab. Dem Mond fehlt dieser Schutzschild, und die auftreffenden Partikel können durch diverse nukleare und chemische Reaktionen für eine zusätzliche Verwitterung des Gesteins sorgen.

Der Mond ist also ein Himmelskörper, dessen Oberfläche seit Milliarden von Jahren ungeschützt den Einflüssen des Weltalls ausgesetzt ist. Er wird von großen und kleinen Objekten bombardiert, die sein Gestein zertrümmern, und selbst die kleinen Trümmer werden früher oder später von Brocken verschiedenster Größen getroffen und noch weiter pulverisiert. Am Ende entsteht genau die Staubschicht, die die Mondoberfläche heute bedeckt – und mit ihr die Frage, die man sich vor der Landung der Apollo-11-Crew gestellt hat: Wie dick ist diese Schicht im Laufe der Zeit geworden? Ist sie mehrere Meter tief, und wird die Landefähre einfach darin versinken? Aus den Daten der in den Jahren davor zum Mond geschickten Sonden wusste man zwar, dass das vermutlich nicht passieren würde, da die Staubschicht etwas dünner sein müsste. Aber sicher konnte man nicht sein, weswegen Landestützen der Fähre auch mit dicken »Tellern« ausgestattet wurden, die ein zu tiefes Einsinken verhindern sollten.

Wie wir mittlerweile wissen, lief am Ende alles glatt. Im Staub auf der Oberfläche des Mondes versinkt man tief genug, um schöne Fußabdrücke zu hinterlassen (die mangels Wind, Wasser und Wetter noch ein paar Millionen Jahre lang zu sehen sein werden, früher oder später durch die Einflüsse aus dem All jedoch verschwinden werden), aber es besteht keine Gefahr, vollkommen darin unterzugehen. Was aber nicht bedeutet, dass der Staub völlig ungefährlich ist.

Der Regolith auf dem Mond ist nicht einfach nur feiner Sand, wie man ihn auf der Erde findet. Denn seine Körnchen sind nicht durch die vergleichsweise sanfte Einwirkung von Wind und Wasser abgeschliffen, sondern durch Einschläge aus dem All immer weiter zertrümmert worden. Daher sind sie zwar sehr klein, aber gleichzeitig auch sehr scharfkantig. Durch die Reibung aneinander laden sie sich außerdem elektrostatisch auf. Die Konsequenz kann man auf den Bildern der Apollo-Missionen bewundern: Die weißen Raumanzüge der Astronauten sind komplett eingestaubt, weil der Regolith extrem schnell und gut daran haftet. Wenn es nur um die Optik ginge, könnte man das ignorieren. Man muss allerdings enorm aufpassen, dass der Staub nicht in die Raumfahrzeuge gelangt, denn dort könnte er mit seiner kantigen Oberfläche sämtliche Instrumente und andere wichtige Systeme an Bord beschädigen. Außerdem könnten ihn die Astronauten dort auch einatmen. Aufgrund ihrer winzigen Größe könnten die Regolith-Körnchen sich auf diesem Weg im gesamten Körper ausbreiten. Und weil ihre Oberfläche so viele Kanten hat, ist sie auch größer als die Oberfläche eines vergleichbar großen runden Körnchens. Je größer aber die Oberfläche ist, desto mehr chemische Reaktionen können darauf ablaufen. Und wenn es etwas gibt, das unangenehmer ist als scharfkantiger Staub im Körper, dann ist es scharfkantiger Staub, der jede Menge vorhersehbare und unvorhersehbare chemische Reaktionen darin auslösen kann.

Jede Mondmission muss sich also zwangsläufig mit dem grauen Regolith auseinandersetzen. Neben der Frage, wie man sich und die Technik davor schützen kann, stehen aber auch Überlegungen im Raum, wie wir ihn vielleicht für unsere Zwecke nutzen könnten. Ich habe vorhin die kosmische Strahlung erwähnt. Diese hochenergetischen Teilchen sind überall im Weltraum unterwegs, weil sie permanent von den Sternen durch die Gegend geschleudert werden. Die kosmische Strahlung kann beim Menschen Zellschäden verursachen und im schlimmsten Fall Krebs auslösen. Einen kurzen Ausflug zum Mond kann man unter diesen Umständen vielleicht noch rechtfertigen. Den Astronautinnen und Astronauten ist das Risiko bewusst, und die Raumfahrtorganisationen achten darauf, dass sich niemand zu lange ungeschützt im All befindet. Sollten wir jedoch länger auf dem Mond bleiben oder dort, wie manche es sich ausmalen, eine Kolonie einrichten wollen, können wir die kosmische Strahlung nicht mehr ignorieren. Die einfachste Möglichkeit, sich zu schützen, bestünde darin, die Mondbasis unterirdisch anzulegen. Ein paar Meter Gestein würden das Innere der Basis gut genug abschirmen – aber es wäre eine denkbar aufwendige Bauweise. Man hat deswegen in Experimenten auf der Erde ausprobiert, ob sich der Regolith auch zur Herstellung von einer Art Beton benutzen lässt. Und tatsächlich kann man »Mooncrete« (wie der Stoff in der Forschung tatsächlich auch genannt wird) produzieren, der sich nicht nur als Baumaterial für etwaige Mondsiedlungen eignen würde. Der Beton aus Regolith schützt zudem vor der kosmischen Strahlung und hilft dabei, die auf dem Mond herrschenden Temperaturunterschiede auszugleichen. In die Blumentöpfe unserer zukünftigen Mondhäuser sollten wir den Regolith allerdings nicht füllen, denn Pflanzen brauchen zum Wachstum echten Boden mit der richtigen Menge an Mikroorganismen. Experimente haben jedoch auch gezeigt: Wenn man dem Regolith Mikroorganismen in der richtigen Menge beimischt, könnten unsere irdischen Pflanzen in der Lage sein, darauf zu wachsen.

Ob und wie wir uns mit dem grauen Staub auf unserem Nachbarn arrangieren, wird die Zukunft zeigen. Der Mond ist allerdings nicht der einzige graue Himmelskörper, der uns interessieren sollte. Im Kapitel über die Farbe Blau ging es um die Kometen und ihre enorme Bedeutung dafür, die Entstehung des Sonnensystems (und vielleicht auch des Lebens auf der Erde) zu verstehen. Zu diesem Zweck beobachten Wissenschaftlerinnen und Wissenschaftler die Kometen nicht nur aus der Ferne mit Teleskopen, sondern schicken auch Raumsonden zu ihnen. Der bisher spektakulärste Besuch dieser Art fand im Jahr 2014 während der »Rosetta«-Mission statt. Ihr Ziel war ein Komet mit dem unhandlichen Namen 67P/Tschurjumow-Gerassimenko – und es sollte das erste Mal sein, dass ein Komet nicht nur aus der Nähe beobachtet wurde, sondern die Sonde direkt darauf landete.

Die Geschichte dieser Raumsonde ist ein eigenes Buch wert,* und sie hat ihren Anfang schon lange vor dem Jahr 2014. Am 2. März 2004, also ganze zehn Jahre zuvor, ist die Rakete, die Rosetta und ihre kleine Landungseinheit »Philae« an Bord hatte, gestartet. Zu dem Zeitpunkt waren die Wissenschaftlerinnen und Wissenschaftler der Europäischen Raumfahrtagentur

* Das ich übrigens geschrieben habe: »Rosetta« (E-Book, Hanser 2013).

ESA schon viele Jahre damit beschäftigt, die zahllosen komplexen Instrumente und Geräte zu konstruieren, mit denen Rosetta und Philae den Kometen erforschen sollten. Wenn es um die Farbe Grau geht, ist vor allem eine dieser Apparaturen interessant: ROLIS, eine Kamera, die eigens für die Mission entwickelt wurde und deren Name ein Akronym für »Rosetta Lander Imaging System« ist. ROLIS hatte die Aufgabe, die Kometenoberfläche so detailreich wie nur möglich zu fotografieren, um den passenden Landeplatz für die Sonde zu ermitteln und außerdem die Orte auf dem Kometen zu identifizieren, an denen die diversen anderen Instrumente am erfolgversprechendsten zum Einsatz gebracht werden können.

Man könnte meinen, dass das keine allzu große wissenschaftliche Herausforderung wäre – man baut eine Kamera mit einem sehr großen Auflösungsvermögen, und fertig. Aber hier kommt die Farbe Grau ins Spiel. Wie beim Mond ist auch die Oberfläche eines Kometen sehr grau und sehr staubig. Wenn man also ein detailliertes Bild davon aufnehmen möchte, dann braucht man eine Kamera, die extrem gut darin ist, unterschiedliche Graustufen voneinander zu unterscheiden. ROLIS war in der Lage, über 16 000 verschiedene Arten von Grau zu identifizieren. Und diese außergewöhnliche Eigenschaft hat sie nicht nur zu einem wunderbaren Instrument für die Kometenforschung gemacht, sondern uns auch einen sehr irdischen technologischen Nutzen verschafft. Denn auch auf der Erde gibt es Situationen, in denen wir graue Farbe gut sehen müssen – zum Beispiel, wenn wir den Rauch eines Waldbrands rechtzeitig entdecken wollen. Genau das macht man heute auch mit bildgebenden Systemen, die auf der Technik von ROLIS basieren.

Das ließe sich jetzt als Rechtfertigung für die Kosten der gesamten Rosetta-Mission anführen, die bei ungefähr einer Milliarde Euro lagen. Es gibt jedoch gute Gründe dafür, darauf zu beharren, dass Grundlagenforschung – und dazu zählt auch die Untersuchung ferner Kometen – nicht zwingend einen direkten Nutzen für unser tägliches Leben haben muss. In der Praxis ergeben sich überdies in den meisten Fällen indirekte Anwendungszwecke. Denn für jedes hochtechnische Unternehmen dieser Art müssen so viele Geräte erfunden werden, dass fast zwangsläufig eine neue Technologie dabei ist, die sich auch abseits von Weltraum und Raumfahrt einsetzen lässt. Eine beliebte Urban Legend besagt etwa, dass die Erforschung hitzebeständiger Materialien im Rahmen der Apollo-Missionen uns die Teflonpfanne beschert habe. Und auch wenn eine Teflonpfanne durchaus praktisch ist, mit den Mondflügen der 1960er-Jahre hat sie leider nichts zu tun. Dafür gibt es jede Menge andere, echte Spin-offs aus der Raumfahrt, darunter: Klettverschlüsse, Solarzellen, Brennstoffzellen, kratzfeste Brillengläser mit UV-Filter oder der Akkubohrer.

Aber, und das ist der entscheidende Punkt: Das spielt alles im Grunde keine Rolle. Wir sind nicht zum Mond geflogen, um unser Spiegelei danach in einer Teflonpfanne braten zu können. Wir sind zum Mond geflogen, weil wir zum Mond fliegen wollten. Und wir erforschen die Kometen nicht, weil wir bessere Kameras zur Überwachung von Waldbränden brauchen. Diese Technik wäre auch ohne Rosetta irgendwann entwickelt worden – dass sie bei der Mission quasi nebenbei entstanden ist, war ein netter Zufall. Grundlagenforschung wie in der Astronomie ist von ihrer Zielsetzung her nicht dazu gedacht, konkrete technische Anwendungen zu liefern. Wir betreiben Grundlagenforschung, weil wir genau das wollen: die Grundlagen der Welt und ihrer Dinge verstehen. Wir wollen wissen, wie der Urknall ablief, wie Sterne entstehen und warum sie leuchten; wir wollen den Ursprung des Lebens auf der Erde verstehen und herausfinden, ob es andernorts auch welches gibt. Grundlagenforschung ist Ausdruck einer zutiefst menschlichen Neugier um des Verstehens willen, die uns vielleicht erst zu denen macht, die wir sind.

Die Farben des Universums sind ein Gegenstand genau dieser Art von Forschung. Aber auch eine Reise dorthin, wo gerade keine Farben existieren, kann Antworten auf ähnliche Fragen liefern. Denn es gab tatsächlich eine Zeit im Kosmos, in der das Universum wahrhaftig dunkel war. Im Kapitel über die Farbe Orange ging es darum, wie vor 13,8 Milliarden Jahren alles mit einem extrem hellen und heißen Urknall begann, bevor das Universum orange wurde. Heute sehen wir die Vielfalt der farbigen Himmelskörper vor dem dunklen Hintergrund des leeren Weltalls. Zwischen diesen beiden Phasen in der Entwicklung des Universums liegt das »dunkle Zeitalter«, in dem es keine Farben gab.

Gehen wir dazu noch einmal zurück, und zwar in die Zeit, als der gesamte Kosmos ungefähr 380 000 Jahre nach dem Urknall im orangefarbenen Licht einer alten Glühlampe leuchtete. Damals war das Universum gerade kühl genug geworden, damit sich die Elektronen an die Atomkerne der nach dem Urknall entstandenen Elemente Wasserstoff und Helium binden konnten. Die Atome, die davor noch keine Elektronen in ihren Hüllen hatten, also ionisiert waren, waren nun neutral geworden. Das Universum war erfüllt von einem Nebel aus neutralem Wasserstoff, durchsetzt mit ein paar ebenso neutralen Heliumatomen. Und es wurde dunkel.

Der Kosmos dehnte sich weiter aus, kühlte weiter ab, und es gab in ihm nichts, was zu leuchten imstande gewesen wäre. Es gab keine Sterne und keine Strahlung, die ausgereicht hätte, um Wasserstoff und Helium dazu anzuregen, Licht auszusenden. Irgendwann, ein paar Dutzend Millionen Jahre später, hat sich der Wasserstoffnebel in manchen Regionen des Universums dann so sehr verdichtet, dass sich daraus die ersten Sterne bildeten. Sie waren groß und hell und heiß und gaben jede Menge hochenergetische Strahlung ab, die die Wasserstoffatome in ihrer Umgebung wieder ionisierte, also die Elektronen von den Atomkernen ablöste. Aber weil es damals noch so viel Wasserstoff im Universum gab und so wenig Sterne, konnte sich ihr Licht nicht so ungehindert ausbreiten, wie es dem Sternenlicht heute möglich ist. Früher oder später wurde ein großer Teil der Strahlung dieser ersten Sterne vom Wasserstoffnebel absorbiert.

Das Ende des dunklen Zeitalters kam nur langsam. Jeder neu entstandene Stern ionisierte eine kleine Menge des neutralen Wasserstoffs und lichtete so den Nebel ein wenig. Erst als die Sterne wirklich zahlreich waren, waren sie auch in der Lage, den allergrößten Teil der verbliebenen Materie zu ionisieren. Wasserstoff und Helium wurden wieder in den Zustand versetzt, in dem sie sich auch befunden hatten, bevor sich 380 000 Jahre nach dem Urknall die Atomkerne und Elektronen das erste Mal miteinander verbanden. Zum Glück war das Universum mittlerweile aber viel größer als damals, und es gab sehr viel mehr Platz zwischen den Teilchen. Das Licht der Sterne wurde durch die freien Elektronen nicht mehr aufgehalten und konnte sich ungehindert weit durch den Kosmos ausbreiten.

Würde man das Universum während dieser ganzen Vorgänge von außen betrachten, sähe man zuerst nur Dunkelheit. Nach und nach würden die ersten Lichter der Sterne aufleuchten, die den dunklen Nebel jedoch noch nicht durchdringen können. Je mehr Sterne sich bilden, desto größer werden die »Blasen«

im Universum, in denen der Nebel sichtlich verschwindet. Und am Ende bietet sich uns der gewohnte Anblick eines Kosmos, in dem Sterne und Galaxien in allen Farben leuchten. Dieser Prozess hat ein paar Hundert Millionen oder vielleicht sogar eine Milliarde Jahre gedauert. Wir können bis heute nicht genau sagen, wann die letzten dunklen Ecken des Universums ausgeleuchtet wurden – denn es ist naturgemäß schwer, eine Zeit zu erforschen, aus der kein Licht zu uns dringen kann. Aber die Dunkelheit der Vergangenheit ist gleichzeitig auch der Ursprung der Farben im Universum.

Zum Glück ist der Kosmos aber heute voller Farben. Verlassen wir also die Welt von Grau und Schwarz und werfen einen Blick auf ein paar Farben, die wir bisher ignoriert haben. Türkis zum Beispiel, eine Farbe, die irgendwo zwischen Grün und Blau changiert und den Regenbogen-Status leider knapp verpasst hat. Dieses Versäumnis ist dem Universum zum Glück egal, dort leuchtet es auch türkis. Und zwei ganz besonders spannende Objekte dieser Farbe schauen wir uns jetzt an.

Werfen wir dazu noch einmal einen Blick auf unser Sonnensystem und seine Farben. Der Sonne am nächsten ist Merkur, bei dem es sich um eine graue Gesteinswelt handelt, ähnlich unserem Mond. Unser Nachbarplanet, die Venus, ist aus der Nähe betrachtet gelblich-weiß und strahlt hell und gelb, wenn wir sie als Abend- oder Morgenstern an unserem Nachthimmel sehen. Die Erde ist grün und blau, und der rote Mars war schon einer der Protagonisten des ersten Kapitels. Aus der Atmosphäre des Riesenplaneten Jupiter leuchten Wolken und Stürme in Braun, Rot und Orange, ebenso wie auf dem Saturn, der seine Farben aber in helleren Pastelltönen trägt. Und ganz außen finden wir die zwei »Eisriesen« Uranus und Neptun, deren Farben hier nun eine genauere Betrachtung wert sind.

Die beiden Planeten am Rand des Sonnensystems wirken unscheinbar. Der Saturn bietet mit seinem gewaltigen Ringsystem einen einzigartigen Anblick, der Jupiter beeindruckt durch seine schiere Größe. Der Mars war immer schon das Reiseziel unserer Träume, sowohl in der Wissenschaft als auch in der Science-Fiction. Aber Uranus und Neptun wecken wenig Emotionen, was daran liegen mag, dass wir deren Welten noch nicht so intensiv erforscht haben wie die restlichen Planeten. Allerdings könnte auch ihr Anblick schuld an der mangelnden öffentlichen Aufmerksamkeit sein. Sieht man sich die gängigen Bilder der beiden Planeten an, die in fast allen Nachschlagewerken und Medienberichten zu finden sind, dann zeigt sich Uranus als eintönige, helltürkise Scheibe, auf der keinerlei Struktur oder Details zu erkennen sind. Bei Neptun ist es wenig besser, allerdings fällt er wenigstens durch seine attraktive, tiefblaue Farbe auf. Wobei man eigentlich sagen muss: Er *hatte* eine attraktive, tiefblaue Farbe, denn im Jahr 2024 hat man herausgefunden, dass er eigentlich genau so blass-türkis ist wie Uranus.

Dass man sich bei der Farbe eines ganzen Planeten jahrzehntelang so irren kann, scheint überraschend. Das wäre ein bisschen so, als würden wir auf einmal merken, dass der Mars gar nicht rot ist, sondern blau. Aber bei Neptun ist alles ein wenig komplizierter. Die Farbe des Mars können wir auch ohne Teleskope sehen; mit Teleskopen wird nicht nur dieser Farbeindruck deutlicher, sondern auch seine Oberfläche in größerem Detail sichtbar. Neptun ist mit freiem Auge gar nicht zu sehen, und er war, so kurios das klingt, auch während seiner Entdeckung quasi unsichtbar. Hinweise auf seine Existenz kamen aus Unregelmäßigkeiten in der Bewegung des Uranus, der im 18. Jahrhundert entdeckt wurde. Der französische Mathematiker Urbain Le Verrier (und unabhängig von ihm sein englischer Kollege John

Couch Adams) schloss aus diesen Beobachtungen, dass es noch einen unentdeckten Planeten geben müsse, der für diese Bahnstörungen verantwortlich ist. Er berechnete genau, auf welcher Bahn der hypothetische Himmelskörper die Sonne umkreisen und wo man ihn am Himmel suchen müsste. Erst mit diesen Informationen konnte der deutsche Astronom Johann Gottfried Galle im Jahr 1846 den Neptun mit dem Teleskop ausfindig machen.

Der Neptun ist im Mittel 30-mal weiter von der Sonne entfernt als die Erde und leuchtet dementsprechend schwach, selbst wenn man ihn durch ein Teleskop betrachtet. Es war daher lange Zeit fast unmöglich, Details oder auch nur seine Farbe zu bestimmen. Den ersten detaillierten Blick auf den äußersten Planeten des Sonnensystems konnten wir am 25. August 1989 erhaschen. An diesem Tag flog die Raumsonde Voyager 2, die zuvor schon Jupiter, Saturn und Uranus passiert hatte, in nur 4950 Kilometer Abstand auch an Neptun vorbei. Die später veröffentlichten Bilder zeigten einen Planeten, der im dunklen Blau des tiefen Meeres leuchtete.

Allerdings, wie im Kapitel über die Farbe Orange erläutert, sind Bilder dieser Art keine direkte Wiedergabe des realen Farbeindrucks, den auch unsere Augen vor Ort wahrnehmen könnten. Die Kameras von Voyager 2 waren mit Filtern ausgestattet, die jeweils nur einen begrenzten Ausschnitt des Farbspektrums aufnehmen konnten. Kombiniert man mehrere Bilder in unterschiedlichen Farben, kann man die »echte« Farbe des Planeten rekonstruieren. Es kommt dabei aber darauf an, wie man vorgeht. Im Fall von Neptun haben die beteiligten Forscherinnen und Forscher einerseits die blaue Farbe sehr stark betont und andererseits den Kontrast der Aufnahmen stark erhöht. Denn im Gegensatz zu Uranus, wo Voyager 2 zuvor zu Besuch war, zeigte Neptun zum Zeitpunkt des Vorbeiflugs ein paar interessante Wolkenstrukturen in seiner Atmosphäre. Um die möglichst gut und detailliert darstellen zu können, entschied man sich für diese Art der Farbgebung. Den Beteiligten war natürlich bewusst, dass es sich nicht um die »wahre« Farbe handelte, und Entsprechendes wurde bei der Veröffentlichung der Bilder auch angemerkt. Aber während die Aufnahmen im Laufe der Jahre auf der ganzen Welt weiterverbreitet wurden, wurden die Anmerkungen zur farblichen Darstellung von Neptun ignoriert und später weitgehend vergessen. Erst eine Arbeit aus dem Jahr 2024 hat die Aufmerksamkeit wieder auf das Thema gelenkt und auch einer breiten Öffentlichkeit die wahre Farbe von Neptun wieder ins Bewusstsein gerückt.

Der Astronom Patrick Irwin von der Universität Oxford und sein Team haben das Licht des Neptun noch einmal ganz genau analysiert und ein neues Bild erstellt, das den Planeten so zeigt, wie ihn auch unsere Augen sehen würden, wenn wir ihm nahe genug wären. Das Resultat zeigt einen Himmelskörper, der in fast dem gleichen Türkis leuchtet wie der Uranus.

In beiden Fällen hat die türkis-blaue Färbung aber nichts mit Wasser oder Ozeanen zu tun. Die beiden Welten am Rand des Sonnensystems sind Vertreter einer ganz eigenen Klasse von Planeten, die man »Eisriesen« nennt. Diese Bezeichnung passt zwar zur Farbe von Uranus und Neptun, und ihre große Entfernung zur Sonne legt nahe, dass es dort auch sehr kalt ist. Man darf sich die beiden aber trotzdem nicht als gefrorene Eiswüsten vorstellen, wie zum Beispiel in der Antarktis auf der Erde.

Auf den ersten Blick kann man die acht Planeten des Sonnensystems in zwei Gruppen einteilen. Im inneren Bereich finden wir die vier kleinen »Gesteinsplaneten« Merkur, Venus, Erde und Mars. Weiter außen befinden sich die großen Gasplaneten Jupiter, Saturn, Uranus und Neptun. Als sich die Planeten, wie im Kapitel über die Farbe Blau beschrieben, aus der Scheibe voll Gas und Staub um die junge Sonne gebildet haben, gab es weiter außen mehr Material für ihre Entstehung. Denn dort, wo es vergleichsweise kühl war, konnten sich diverse leicht flüchtige Substanzen wie zum Beispiel Wassermoleküle, aber auch Stoffe wie Methan oder Ammoniak zu Eiskörnchen zusammenfügen. In größerer Sonnennähe hat die stärkere Strahlung unseres Sterns das verhindert. Planeten wie Jupiter oder Saturn konnten also schneller wachsen als die anderen und mit ihrer von Anfang an größeren Masse auch eine viel größere Gravitationskraft auf ihre Umgebung ausüben. Sie war stark genug, um auch einen großen Teil der Wasserstoff- und Heliumatome aus der Scheibe festzuhalten. Die Planeten im äußeren Sonnensystem haben sich also gewaltige Schichten aus diesen Gasen zugelegt, wohingegen die kleineren Himmelskörper nahe der Sonne nur relativ dünne Atmosphären halten konnten. Leichte Atome wie Wasserstoff und Helium bewegen sich sehr schnell, und ein Planet braucht ordentlich Masse, damit sie ihm nicht entwischen. Die Erde ist zum Beispiel auch heute noch zu schwach, um Helium festhalten zu können.* Auch Planeten wie der große Jupiter haben einmal als Kugel aus Gestein und Metall begonnen. Man vermutet heute, dass es im Inneren des Jupiters einen festen Kern von etwa der 20-fachen Erdmasse gibt, konnte diese Hypothese bis jetzt jedoch noch nicht zweifelsfrei belegen. Denn es ist auch denkbar, dass der enorme Druck, den die Gasmassen ausüben, den Kern quasi aufgelöst hat. Auch bei

* Das Gas, das man etwa verwendet, um Partyballons in der Luft zu halten, entweicht früher oder später bis ins Weltall und ist dann unwiderruflich verloren.

Saturn wissen wir noch nicht genau, was in seinem Inneren genau passiert.

Uranus und Neptun dagegen haben mit ziemlicher Sicherheit einen festen Gesteinskern. Darüber befindet sich eine Schicht aus »Eis«. Damit ist in der Planetenforschung aber nicht gefrorenes Wasser gemeint, sondern alles, was während der Planetenentstehung an gefrorenen Substanzen in den äußeren Bereichen des Sonnensystems vorhanden war. Uranus und Neptun haben einerseits besonders viel von diesem Eis abbekommen, weisen also einen größeren Anteil an Wasser, Ammoniak und Methan auf als Jupiter und Saturn. Andererseits haben sich die Objekte in den äußersten Bereichen der Scheibe aus Gas und Staub langsamer bewegt als weiter innen, und es gab weniger Kollisionen zwischen den Partikeln. Sie sind daher auch langsamer gewachsen und haben eine geringere Masse als Jupiter und Saturn. Für eine dicke äußere Atmosphäre aus Wasserstoff und Helium hat es zwar trotzdem noch gereicht, aber Uranus und Neptun haben insgesamt nur die knapp 15-fache beziehungsweise 17-fache Erdmasse, während Saturn es auf 95 und Jupiter sogar auf 318 Erdmassen bringt.

Aufgrund all dieser Unterschiede ist man mittlerweile dazu übergegangen, Uranus und Neptun als eigene Planetenklasse zu betrachten, und weil das Eis bei ihrer Entstehung eine wichtige Rolle spielte, hat man sie »Eisriesen« genannt. Kalt ist es aber nur in den äußeren Schichten ihrer Atmosphäre. Neben Wasserstoff und Helium befindet sich dort auch eine relevante Menge an Methan, und dieses Molekül ist besonders gut darin, den roten Anteil des Sonnenlichts zu absorbieren. Übrig bleiben vor allem Blau und Grün, was für die Türkisfärbung beider Planeten verantwortlich ist. In dieser türkisfarbenen Atmosphäre und darunter gehen erstaunliche Dinge vor sich: Wagte man sich in diese blau-grüne Welt hinein, würde der Druck sehr schnell ansteigen, bis auf das 100 000-Fache des Luftdrucks, den wir auf der Erde gewohnt sind. Die Temperatur steigt ebenfalls, auf über 1700 Grad Celsius. Gleichzeitig findet man in den inneren Bereichen der Atmosphäre immer mehr Methan. Wenn man nun ein paar Tausend Kilometer tief in die Gasschichten des Neptun eindringen würde, könnten Druck und Temperatur dafür sorgen, dass die Methanmoleküle in die Wasserstoff- und Kohlenstoffatome auseinanderbrechen, aus denen sie aufgebaut sind. Der Kohlenstoff könnte unter dem enormen Druck zu Diamantkristallen werden, die dann weiter hinab in die Tiefe »regnen«, wo sich irgendwo der feste Kern befinden muss. Auch bei Uranus (und vielleicht auch bei Jupiter und Saturn) könnte es einen solchen Regen aus Diamanten geben, aber von außen sieht man davon leider nichts.

Wolken lassen sich bei beiden Eisriesen beobachten, aber bei Uranus sind sie deutlich schwächer ausgeprägt als bei Neptun. Der äußerste Planet ist noch dazu ein wirklich windiger Ort. Man hat Stürme beobachtet, die mit mehr als 2000 Kilometern pro Stunde durch die Atmosphäre fegten. Zum Vergleich: Die höchste jemals gemessene Windgeschwindigkeit auf der Erde liegt bei »nur« knapp 400 Kilometern pro Stunde. Die extremen Winde des Neptun waren eine Überraschung, denn für Wind braucht es Energie in der Atmosphäre, die die Bewegung der Luft antreibt. Auf der Erde sorgt die Sonne für die notwendigen Temperaturunterschiede, aber der ferne Neptun sollte eigentlich viel zu wenig Energie von unserem Stern abbekommen, um solch enormen Stürmen ausgesetzt zu sein. Tatsächlich scheint die Energie aus dem Inneren des Planeten zu stammen, wo Neptun, so die aktuellen Vermutungen, eine sehr starke Wärmequelle besitzt, die mehr innere Wärme produziert als der Uranus, weswegen dort die Wolkenaktivität geringer ist. Woher die Wärme im Inneren des Neptun kommt, wissen wir allerdings noch nicht genau. Wir wissen überhaupt vieles noch nicht, was Uranus und Neptun angeht. Der Vorbeiflug von Voyager 2 im Jahr 1989 war der einzige Besuch, den eine Raumsonde den beiden Planeten je abgestattet hat. Wenn wir die Welt der Eisriesen besser verstehen wollen, müssen wir ein weiteres Mal in die äußeren Bereiche des Sonnensystems vordringen – und dann am besten nicht nur vorbeifliegen, sondern länger bleiben und genauer hinsehen. Wer weiß, was sich unter dem Türkis der Eisriesen noch alles verbirgt.

Wenn es dort schon Diamanten regnet, vielleicht finden wir ja auch Gold und Silber? Dann wären Uranus und Neptun nicht nur ein ideales Reiseziel, wenn man vorhat, reich zu werden. Wir könnten dann auch gleich noch zwei weitere Farben abhaken, bei denen es sich nicht um »normale« Regenbogenfarben handelt und die – im Gegensatz zu Türkis – noch nicht einmal im Lichtspektrum auftauchen. Gold ist eine Variation von Gelb, ein Farbton, der in unterschiedlichsten Varianten existiert. Und Silber ist eine entsprechende Variation von Grau. Wir nutzen diese Farbnamen, um das Aussehen der gleichnamigen Metalle zu beschreiben, die aber selbst natürlich keine reine Farbe haben. Wir können »Gold« und »Silber« also keine Wellenlänge im elektromagnetischen Spektrum zuordnen, und es gibt keine astronomischen Prozesse, die ein rein goldenes oder silbernes Licht aussenden können. Was es dagegen sehr wohl gibt, sind Vorgänge im Weltall, die dafür sorgen, dass Metalle wie Gold oder Silber überhaupt existieren können.

Bevor wir dorthin blicken, schauen wir zuerst aber noch einmal auf Gold und Silber selbst. Warum ist Gold goldfarben und Silber silberfarben? In beiden Fällen handelt es sich um

Metalle (diesmal im chemischen Sinn und nicht in der Wortwahl der Astronomie), und die meisten Metalle sind – nun ja – metallisch. Silber, Eisen, Nickel, Aluminium, Chrom und so weiter glänzen metallisch grau. Sie tun das, weil die Atome eines Metalls auf eine ganz besondere Weise verbunden sind – nämlich nicht einfach wahllos, sondern in Form eines regelmäßigen Gitters, das von den jeweiligen Atomkernen gebildet wird. Die Elektronen, die ganz außen in den Hüllen der Atome sitzen, können sich dabei frei von Atomkern zu Atomkern bewegen, sie »fließen« quasi nach Belieben hin und her. Das ist der Grund, warum Metalle Strom so gut leiten können (der ja aus fließenden Elektronen besteht), und es ist auch der Grund, warum sie metallisch grau aussehen. Das Licht, das auf ein Metall trifft, kann die freien Elektronen anregen. Und weil die Elektronen so viele Freiheiten haben, können sie auch so gut wie alle verfügbaren Wellenlängen absorbieren und wieder reflektieren. Das erzeugt den Glanz, und deswegen kann man aus polierten Metallen auch so gute Spiegel produzieren. Aber wenn das so ist, warum gibt es dann Metalle wie das Gold, das ja eindeutig eine andere Farbe hat als Silber & Co.?

Um das im Detail zu erklären, muss man überraschenderweise nicht nur die Quantenmechanik bemühen, um den Aufbau der Goldatome zu beschreiben, sondern auch die Relativitätstheorie von Albert Einstein, die man eher mit Raumfahrt, annähernd lichtschnellen Objekten, Schwarzen Löchern oder der Entwicklung des gesamten Universums in Verbindung bringt – aber definitiv nicht mit der schnöden Farbe eines Metalls. In dem Fall ist es aber nötig, denn die Relativitätstheorie ist im Kleinen genauso relevant wie im Großen. Gold ist ein Element mit einem großen Atomkern. Dort befinden sich 79 Protonen (und dazu noch 118 Neutronen). Die Protonen sind elektrisch positiv geladen und üben eine elektrostatische Kraft auf die elektrisch negativ geladenen Elektronen aus. Je größer die Ladung, desto größer die Kraft und desto schneller bewegen sich die Elektronen. Womit wir bei Albert Einstein angelangt sind: Einer der vielen seltsamen Effekte seiner Relativitätstheorie ist der »relativistische Massenzuwachs«. Vereinfacht gesagt: Je schneller sich etwas bewegt, desto mehr Energie steckt darin, und nach der berühmten Formel $E=mc^2$ entspricht mehr Energie auch mehr Masse. In der Praxis bedeutet das, dass man Objekte, die sich sehr schnell bewegen, so behandeln muss, als ob sie mehr Masse haben als üblicherweise. Bei den Elektronen im Goldatom heißt das, dass die stabilen Zustände, in denen sie sich aufhalten können, näher an den Atomkern rücken. Und mittlerweile wissen wir ja, was das bedeutet: Wechselt ein Elektron von einem Zustand in einen anderen, sendet es Licht aus oder absorbiert Licht – und die Farbe dieses Lichts hängt davon ab, zwischen welchen Zuständen der Wechsel stattfindet. Wenn sich die Position der Zustände in Bezug auf den Atomkern verändert, dann ändert sich auch die Wellenlänge des Lichts, das die Elektronen aufnehmen oder abgeben, und im Fall des Goldatoms führt das dazu, dass blaues Licht eher absorbiert als reflektiert wird. Das Licht, das von einem Stück Gold auf unsere Augen zurückgeworfen wird, ist also eine Mischung ohne Blau, die uns dann golden erscheint. Bei Silber (und den meisten anderen Metallen) ist der Atomkern kleiner und dieser Effekt viel geringer, weswegen sie auch das Blau reflektieren können.

Diese faszinierende Verbindung aus Quantenmechanik und Relativitätstheorie wäre schon Grund genug, ein Metall wie das Gold wertzuschätzen. Wir tun das aber vor allem deswegen, weil es sehr beständig ist. Gold rostet nicht und ist auch nach Jahrtausenden immer noch so glänzend wie zuvor. Andererseits lässt es sich gut bearbeiten und ist darüber hinaus auch noch sehr selten. Man kann daraus also Schmuckstücke oder andere wertvolle Gegenstände anfertigen, die lange halten und bei denen niemand bezweifelt, dass sie etwas Besonderes sind. Dass Gold so selten ist, liegt übrigens nicht daran, dass wir nicht gründlich genug danach gesucht hätten. Es gibt deswegen so wenig davon, weil es nicht so ohne Weiteres entstehen kann. Im Gegensatz zu leichten Atomen wie Helium, Sauerstoff oder Stickstoff wird Gold nicht durch Kernfusion im Inneren von Sternen erzeugt. So viele Protonen und Neutronen auf einmal zusammenzuschweißen: Das kriegen nicht einmal die enorme Temperatur und der absurd hohe Druck im Kern eines Sterns hin. Um Gold zu erzeugen, braucht es noch höhere Energien, die nur frei werden, wenn die größten Sterne am Ende ihres Lebens zur Super- oder Hypernova werden. Oder im seltenen Fall der Kollision zweier Neutronensterne. Das sind die extrem dichten Überreste von Supernova-Explosionen, nur ein paar Dutzend Kilometer groß, aber so massereich wie unsere Sonne. Im Jahr 2017 konnte man beobachten, wie zwei dieser Objekte in 130 Millionen Lichtjahren Entfernung von der Erde kollidiert sind. Man konnte außerdem die Zusammensetzung der dabei mit enormer Wucht ins All geschleuderten Materie untersuchen. Das Resultat: Der Zusammenstoß hat ungefähr das 200-Fache der Erdmasse in Form von Gold erzeugt.

Das ist natürlich eine ganze Menge, aber in einem so großen Universum fällt das gar nicht weiter auf. Und Kollisionen zwischen Neutronensternen sind selten, ebenso die anderen Prozesse, die Gold hervorbringen können. Angesichts dieser Tatsache ist es überraschend, dass wir überhaupt Gold hier auf der Erde haben. In der großen Wolke aus Staub und Gas, aus der unser Sonnensystem damals entstanden ist, waren natürlich auch Goldatome vorhanden, die aus den diversen Ecken und Enden des Kosmos in unsere Richtung geschleudert worden sind. Aber als sich die Planeten bildeten, ist das ganze schwere Material nach innen in den Kern gesunken. Das Gold, das an der Entstehung der Erde beteiligt war, liegt heute Tausende Kilometer tief unter unseren Füßen im metallischen Erdkern verborgen, und wir haben keine Chance, es jemals hervorzuholen. Das Edelmetall, das wir im Laufe der Geschichte tatsächlich an die Erdoberfläche befördert haben, ist zum größten Teil erst später geliefert worden. Asteroiden, die in der Frühzeit des Sonnensystems auf der Erde eingeschlagen sind, haben es mitgebracht und in der Erdkruste verteilt. Und dort, in den Asteroiden, können wir es auch heute noch finden. Unter ihnen sind sogar solche, die vermutlich fast komplett aus Metall und zu einem großen Teil aus Gold bestehen.

Vor 4,5 Milliarden Jahren ist nicht jeder Planet so gut gewachsen wie die Erde. Viele Himmelskörper sind durch die chaotischen Vorgänge und wilden Kollisionen in der Entstehungszeit auch wieder zerstört worden und auseinandergebrochen, wie ich schon im Kapitel über die Farbe Gelb erzählt habe. Darunter waren auch einige, die schon groß genug waren, um einen umfangreichen metallischen Kern entwickelt zu haben. Ihre Bruchstücke fliegen zum Teil noch heute um die Sonne und bilden die Klasse der »M-Typ«-Asteroiden, wobei das »M« natürlich für »metallisch« steht. Einer davon trägt den Namen »Psyche«, hat einen Durchmesser von gut 220 Kilometern und wird im Jahr 2029 Besuch von einer Raumsonde bekommen, die ebenfalls den Namen »Psyche« trägt. Die NASA hat sie im Jahr 2023 auf den Weg geschickt, und zwar nicht, um ihr Budget mit Gold aufzubessern. Trotz allem ist nicht damit zu rechnen, dass dort Goldnuggets wie Ostereier herumliegen, und uns fehlt zudem die nötige Technik, um die Metalle eines Asteroiden abzubauen. Viel wichtiger als das Edelmetall sind die Erkenntnisse, die sich dort gewinnen lassen. Wir werden es nicht schaffen, den Kern eines Planeten wie der Erde direkt zu erforschen. Wir können keine Tunnel graben, die ein paar Tausend Kilometer weit nach unten führen. Aber wir können ins All hinausfliegen, um dort die nackten Kerne ehemaliger Planeten zu untersuchen. Dort können wir lernen, wie Planeten entstehen, wie sie zerstört werden, und am Ende auch, wie das Gold zu uns gekommen ist.

Die Farben der Metalle sind kein Teil des Regenbogens; ebenso wenig wie das Türkis der Eisriesen, das unbunte Grau der Mondoberfläche oder die schwarze Farblosigkeit des dunklen Zeitalters im Universum. Aber auch diese Farben und Nichtfarben sind Teil unseres Kosmos, und sie erhellen mit ihrem Licht ebenso viele Geheimnisse wie das Spektrum des Regenbogens.

UNSICHTBARE FARBEN

Über das Licht des Urknalls, das früher orange war und heute unsichtbar ist. Über gefährliches Licht aus den wilden Ecken des Universums. Und über leuchtenden Wasserstoff im Radio.

Die Astronomie hat im Lauf der Zeit nicht nur Wege gefunden, das, was unsere Augen sehen, zu erklären. Sie hat auch Technologien hervorgebracht, mit deren Hilfe Farben und Dinge sichtbar werden, die uns ansonsten verborgen blieben. Wie bereits erwähnt, leuchtet das Universum nicht nur im Spektrum des Regenbogens, sondern im Licht unzähliger Farben, die wir ohne wissenschaftliche Hilfsmittel nicht wahrnehmen könnten. Es ist aber oft gerade dieses unsichtbare Licht, das die größten Erkenntnisse bereithält.

Blicken wir noch einmal zurück zum Anfang. Im Kapitel über die Farbe Orange war ausführlich vom Urknall die Rede und von dem, was in den ersten Sekundenbruchteilen des Universums geschah. Ich habe von der Entstehung der Atome erzählt und dass der Kosmos damals in orangefarbenem Licht leuchtete. Im letzten Kapitel ging es um das dunkle Zeitalter des Universums, das erst nach dieser lichtlosen Phase zu dem wurde, was wir heute beobachten können. Aber woher wissen wir überhaupt, dass all das so abgelaufen ist? Wie können wir in eine Zeit vor 13,8 Milliarden Jahren zurückblicken, in der das Universum so vollkommen anders war als heute?

Es gibt mehrere Möglichkeiten, Hypothesen über die ferne

Vergangenheit wissenschaftlich zu überprüfen. Eine davon besteht tatsächlich im Hinsehen – denn wir können *sehen*, wie das junge Universum einst aussah. Genauer gesagt: Wir können das beobachten, was wissenschaftlich korrekt die »kosmische Hintergrundstrahlung« genannt wird, umgangssprachlich (und leicht übertrieben) aber auch oft unter der poetischen Bezeichnung »Licht des Urknalls« fungiert. Gemeint ist damit nicht die Strahlung der Energie, mit der damals wirklich alles seinen Anfang genommen hat, sondern das orangefarbene Licht, in dem das Universum 380 000 Jahre nach dem Urknall erstrahlte. Der Kosmos war damals gerade so weit abgekühlt, dass sich die überall umherfliegenden Elektronen mit den Atomkernen des Wasserstoffs und des Heliums verbinden konnten. Davor gab es für das Licht keine Möglichkeit, sich auszubreiten, weil die Elektronen im Weg waren. Nach dieser »Rekombination« war der Weg frei.* Es war das erste Mal, dass sich Strahlung im Universum ausbreiten konnte, daher ist die Bezeichnung »Licht des Urknalls« auch nicht ganz aus der Luft gegriffen. Auf jeden Fall aber ist dies das älteste Licht, das wir – zumindest theoretisch – beobachten können. Wenn wir das in die Praxis umsetzen möchten, müssen wir uns zunächst überlegen, was mit diesem Licht seitdem passiert ist. Denn es ist ja nicht einfach verschwunden. Es ist immer noch da, es hat nur seine Farbe geändert – und ist jetzt unsichtbar.

Bevor es so weit kam, hat es sich jedoch zunächst weiter in alle Richtungen ausgebreitet. Währenddessen hörte das Universum aber nicht auf, sich auszudehnen. Es wurde immer größer,

* So wird die erstmalige Verbindung zwischen Elektronen und Atomkernen in der Kosmologie bezeichnet, obwohl »Kombination« das passendere Wort wäre, da sie sich davor ja noch nicht verbunden hatten.

und das Bild, mit dessen Hilfe man sich diesen Prozess meist veranschaulicht, ist das eines Luftballons, der aufgeblasen wird. Es ist allerdings ein missverständliches Bild, denn der Luftballon besteht aus Gummi, der immer weiter gedehnt wird. Der aufgeblasene Ballon enthält am Ende nicht mehr Gummi als zu Beginn, er wurde einfach nur gestreckt. Das Universum jedoch wird während seiner Expansion zwar größer, aber der Raum wird dabei nicht gestreckt. Es entsteht permanent neuer Raum – sodass auch die Abstände zwischen zwei Punkten im Universum immer größer werden, und zwar umso mehr, je weiter die Punkte voneinander entfernt sind; je mehr Raum sich zwischen zwei Punkten befindet, desto mehr Raum kann durch die Expansion hinzukommen.* Ein größer werdender Raum und sich verändernde Abstände haben auch Auswirkungen auf das Licht. Man sagt oft, die Lichtwellen werden durch die Expansion des Universums gedehnt; aber so wie der Kosmos kein Luftballon ist, ist eine Lichtwelle kein Gummiband. Licht ist nichts Substanzielles, das auseinandergezogen werden kann. Aber wenn sich die Abstände im Raum verändern, wenn der Raum größer wird, dann vergrößert sich zwangsläufig auch die Wellenlänge einer Lichtwelle, die sich in diesem Raum bewegt. Und das, ganz ohne dass man das Licht selbst irgendwie »strecken« müsste.

Man kann nun vergleichsweise einfach berechnen, wie groß die Wellenlänge des Lichts, das sich damals, 380 000 Jahre nach dem Urknall, auf den Weg gemacht hat, heute sein muss. Das Ergebnis: Sie ist mehr als 1000-mal länger als die des orangefar-

* Und wenn Sie sich fragen, warum das passiert und wie das genau abläuft, sind Sie damit nicht alleine: Das ist eine der großen offenen Fragen in der Kosmologie.

benen Lichts von damals. Wir haben es also mit Strahlung bei einer Wellenlänge von ungefähr einem Millimeter zu tun. Für unsere Augen ist Licht dieser Art nicht sichtbar, aber könnten wir es sehen, dann würde der ganze Himmel in dieser unsichtbaren Farbe leuchten. Um sie sichtbar zu machen, braucht es spezielle Teleskope, die in der Lage sind, diese »Mikrowellenstrahlung« nachzuweisen. Wir erinnern uns: Das ist Licht mit einer Wellenlänge zwischen einem Millimeter und etwa einem Meter, das wir heute zum Beispiel nutzen, um Bluetooth- und WLAN-Signale zu übertragen. Hätten wir Mikrowellen-Augen, dann könnten wir unsere Handys in einem ähnlichen Licht leuchten sehen wie den Himmel selbst. Das älteste Licht des Universums, das damals orange war und sich seither zu unsichtbaren Mikrowellen gewandelt hat, trifft auch heute noch aus allen Richtungen auf die Erde. Aber warum ist das so? Wenn die kosmische Hintergrundstrahlung von überallher zu uns dringt, bedeutet das dann, dass wir doch der Mittelpunkt des Universums sind?

Nein – aber es bedeutet, dass wir der Mittelpunkt unseres eigenen Universums sind, zumindest was die Strahlung angeht. Damals, 380 000 Jahre nach dem Urknall, kurz bevor sich die Elektronen und Atomkerne miteinander verbanden, wurde das Licht ständig an den vielen freien Teilchen gestreut. Es änderte permanent und komplett zufällig seine Richtung, und das so lange, bis der Weg nach der Rekombination endlich frei war. In diesem Moment machten sich von allen Orten des jungen Universums Lichtteilchen in alle Richtungen auf den Weg. Jeder Punkt im Kosmos strahlte Licht aus, und dieses Licht wurde im Laufe der Jahrmilliarden zu Mikrowellenstrahlung. Sofern es in all dieser Zeit nicht auf Materie getroffen ist und absorbiert wurde, ist es heute noch immer unterwegs. Wenn wir in der Gegenwart von der Erde hinaus ins All schauen, spielt es keine Rolle, wohin wir unseren Blick richten: Wir blicken immer in eine Richtung, aus der die kosmische Hintergrundstrahlung damals ausgesandt worden ist, und wir sehen die Lichtwellen, die exakt so lange unterwegs waren, dass sie heute bei uns ankommen. Natürlich ist ein Teil des Lichts der kosmischen Hintergrundstrahlung auch schon zu früheren Zeiten bei uns angelangt, aber dieses Licht befindet sich mittlerweile ganz woanders im Universum. Jeder Ort im heutigen All »sieht« seine eigene Hintergrundstrahlung, genau den Teil, der nach seiner 13,8 Milliarden Jahre andauernden Reise gerade jetzt an gerade diesem Ort ankommt.

Das ist alles ein wenig verwirrend, weil wir immer gleichzeitig in die Ferne und in die Vergangenheit blicken, wenn wir das Licht aus dem All mit den Mitteln der Astronomie betrachten. Aber es läuft darauf hinaus, dass wir die kosmische Hintergrundstrahlung messen können und damit »sehen«, wie das Universum aussah, als es gerade einmal 380 000 Jahre alt war. Dass es diese Strahlung geben muss, wurde übrigens schon in den 1940er-Jahren vorhergesagt. Damals haben sich die amerikanischen Forscher Ralph Alpher, George Gamow und Robert Hermann überlegt, was es denn eigentlich bedeuten würde, wenn das Universum wirklich einen Urknall hatte, also aus einem extrem dichten und heißen Zustand entstanden ist und sich seitdem ausdehnt. Die Entdeckung der kosmischen Expansion durch Edwin Hubble und seine Kollegen, von der ich im Kapitel über die Farbe Rot erzählt habe, war da zwar schon lange bekannt – aber die Sache mit dem Urknall immer noch umstritten. Alpher, Gamow und Hermann überlegten sich deswegen genau das, was ich hier in vereinfachter Version wiedergegeben habe: Es muss die Phase der Rekombination gegeben haben; und wenn das mit dem Urknall tatsächlich stimmt, dann muss die Strahlung, die sich seit damals ausbreitet, auch heute noch als Mikrowellenlicht nachgewiesen werden können.

Dieser Nachweis erfolgte im Jahr 1964, und die Geschichte dazu ist oft erzählt worden. Sie ist ein klassisches Beispiel dafür, wie Entdeckungen in der Wissenschaft oft vonstattengehen. Die amerikanischen Astronomen Robert Wilson und Arno Penzias hatten gar nicht vor, einen Nachweis der kosmischen Hintergrundstrahlung zu erbringen, sondern wollten eine Radioantenne für die Kommunikation mit Satelliten konstruieren. Dazu versuchten sie, alle Quellen störender Signale zu entfernen. Aber egal, wie sehr die beiden sich bemühten: Ein ganz bestimmtes »Rauschen« ließ sich nicht eliminieren. Dass es sich dabei um die Mikrowellenstrahlung des jungen Universums handeln musste, erfuhren Penzias und Wilson erst durch Kollegen, die sich mit diesem Thema beschäftigten – den Nobelpreis für Physik haben die beiden trotzdem bekommen.

Diese erste Messung der Hintergrundstrahlung hat gezeigt, dass sie wirklich aus allen Richtungen des Himmels zu uns dringt, und zwar in völlig gleichmäßiger Intensität. Das war auch zu erwarten, denn die Strahlung stammt aus der Zeit, als das ganze Universum gleichmäßig mit Materie in Form der ersten Wasserstoff- und Heliumatome gefüllt war. In der Gegenwart sieht es anders aus. Heute gibt es gigantische Bereiche, die fast leer sind, und dazwischen Haufen von Materie in Form von Galaxien. Und wenn man sich nun fragt, wie das Universum von dem einen Zustand in den anderen gelangt ist, dann wird die gleichmäßige Hintergrundstrahlung auf einmal zum Problem.

Dass Wasserstoff und Helium ein paar Hundert Millionen Jahre nach dem Urknall die ersten Sterne bildeten, habe ich im letzten Kapitel erklärt. Aber wenn die Materie wirklich ganz und gar gleichmäßig verteilt gewesen wäre, hätte das eigentlich nicht passieren dürfen. Denn damit aus dem Nebel der ersten Atome kompakte Objekte wie Sterne entstehen, muss das Material irgendwie unter seiner eigenen Gravitationskraft in sich zusammenfallen. Wenn sich in jedem Bereich des Raums aber genau die gleiche Menge an Materie befindet, dann zieht sich alles auch genau gleich stark an – und es passiert gar nichts. Es muss also im jungen Universum Regionen gegeben haben, in denen die Atome ein bisschen zahlreicher waren als anderswo und die als Keimzellen der ersten Sterne und Galaxien dienten. Und wenn es diese Dichteschwankungen gegeben hat, dann haben sie die Ausbreitung des ältesten Lichts ein klein wenig beeinflusst. Die Details sind komplex. Man muss zum Beispiel nicht nur den Einfluss der unterschiedlich dichten Regionen auf die Geschwindigkeit berücksichtigen, mit der die Teilchen sich damals bewegten, sondern auch den Einfluss, den die Gravitation selbst auf das Licht haben kann und den Albert Einstein in seiner Allgemeinen Relativitätstheorie beschrieben hat. Am Ende läuft es aber darauf hinaus, dass die Wellenlänge der kosmischen Hintergrundstrahlung leicht unterschiedlich ist, je nachdem, ob sie aus einer mehr oder weniger dichten Region des frühen Universums stammt.

Eine Messung dieser Variation würde es uns erlauben, die Verteilung der Materie im 380 000 Jahre jungen Universum zu »sehen«. Die Instrumente und die Beobachtungsbedingungen auf der Erde sind dafür aber nicht gut genug. Deswegen schickte man 1989 den Satelliten COBE ins All. Der »COsmic Background Explorer« konnte nun ohne die störende Erdatmosphäre auf die Suche nach der Hintergrundstrahlung gehen und fand die erwarteten Variationen. In den nächsten Jahrzehnten folgten noch genauere Messungen mit besseren Instrumenten. Das bisher detaillierteste Bild des jungen Universums stammt passenderweise von einem Satelliten der Europäischen Weltraumagentur, der den Namen »Planck« trug.

Das unsichtbare Mikrowellenlicht zeigt uns das Aussehen des Universums kurz nach seiner Geburt. Die Bilder bestätigen unsere Vorstellungen vom Urknall und der frühen Entwicklung des Kosmos. Und auch wenn noch jede Menge Fragen zum Anfang von allem offen bleiben, ist der Ursprung des Universums mittlerweile nicht mehr die Domäne von Philosophie und Religion, sondern der empirischen Erforschung zugänglich.

Dass wir die kosmische Hintergrundstrahlung entdecken konnten, verdanken wir nicht nur der sorgfältigen Arbeit von Penzias und Wilson, sondern auch einem Zufall, der mit der Planetenentstehung und unserer Evolution zusammenhängt. Die Erde hat eine Atmosphäre, die vor allem aus Stickstoff und Sauerstoff besteht, mit geringeren Mengen anderer Gase wie Ozon, Kohlendioxid oder Wasserdampf. Wir, und der Rest des Lebens auf der Erde, haben uns im Laufe der Evolution so entwickelt, dass wir ohne diese Atmosphäre einerseits nicht leben können und andererseits durch unser Leben dafür sorgen, dass die Zusammensetzung dieser Atmosphäre lebensfreundlich bleibt. Im Kapitel über die Farbe Gelb war schon von »Biomarkern« wie dem Sauerstoff die Rede, der nur deswegen in großer Menge in der Atmosphäre vorhanden ist, weil Pflanzen und andere Lebewesen ihn im Zuge ihres Stoffwechsels produzieren. In den anderen Kapiteln des Buchs ging es zudem auch immer wieder um die Frage, wie verschiedene Atome und Moleküle unterschiedliche Bereiche des Lichts beeinflussen und absorbieren können. Wenn wir diese beiden Beobachtungen zusammendenken, ergibt sich Folgendes: Die Sonne strahlt Licht in allen Wellenlängenbereichen aus, und all diese sichtbaren und unsichtbaren Farben treffen auf die Erde. Doch die Atome und Moleküle der Erdatmosphäre – deren Zusammensetzung mit dem Stoffwechsel der Lebewesen auf der Erde zusammenhängt – absorbieren und streuen einen großen Teil davon. Nur ein kleiner Ausschnitt des elektromagnetischen Spektrums kann die Lufthülle durchdringen und zum Erdboden gelangen. Durch dieses »atmosphärische Fenster« gelangt Licht in den für unsere Augen sichtbaren Regenbogenfarben der Sonne zu uns. Auch ein Teil des ultravioletten Lichts und der infraroten Wärmestrahlung und der kosmischen Mikrowellen- und Radiostrahlung kann die Atmosphäre passieren. Der ganze Rest wird von der Atmosphäre abgeschirmt. Und das ist gut für uns, denn zu diesem Rest gehören zum Beispiel die hochenergetische Gammastrahlung, die Röntgenstrahlung und der größte Teil des ultravioletten Lichts – allesamt Lichtwellen, die so viel Energie in sich tragen, dass sie die Zellen in unserem Körper schädigen können. Aus wissenschaftlicher Sicht ist diese atmosphärische Schutzschicht allerdings sehr unpraktisch. Denn so gefährlich diese Strahlung ist, so randvoll ist sie auch mit Informationen über die Himmelskörper, die sie erzeugen. Wenn wir sie beobachten wollen, müssen wir unsere Instrumente also ins All schicken. Dass genau der Teil der Strahlung bis zum Erdboden und dem Teleskop von Penzias und Wilson durchdringen konnte, der die Information über die kosmische Hintergrundstrahlung mit sich trägt, war tatsächlich Zufall. Wäre die Zusammensetzung unserer Lufthülle anders, dann hätten wir diese Entdeckung vielleicht nicht machen können.

Das atmosphärische Fenster ist nur einen Spalt geöffnet, aber durch diesen Spalt können nicht nur die sichtbaren Farben des Sternenlichts zu uns scheinen, sondern glücklicherweise auch die Mikrowellen, in denen das älteste Licht uns ein

Bild des jungen Universums zeigt. Möglicherweise ist das unsichtbare Licht auch ein Schlüssel zum Verständnis des dunklen Zeitalters, von dem im letzten Kapitel die Rede war. Denn auch wenn aus dieser Zeit kein Sternenlicht zu sehen ist, gibt es etwas anderes, dessen Licht bis heute durch das atmosphärische Fenster zu uns auf die Erde fällt.

Die Entstehung dieses speziellen Lichts ist sogar Teil der Nachrichten, die wir mit Raumsonden ins All geschickt haben, für den Fall, dass sie von außerirdischen Lebewesen gefunden werden. Sowohl auf den beiden Voyager-Sonden als auch auf den Anfang der 1970er-Jahre gestarteten Sonden Pioneer 10 und 11 sind Botschaften angebracht, die unter anderem den »Hyperfeinstrukturübergang des Wasserstoffs« darstellen. Die vier Raumfahrzeuge werden zwar in ferner Zukunft das Sonnensystem verlassen, aber dass sie tatsächlich von intelligenten Aliens aufgegriffen werden, ist äußerst zweifelhaft. Sollte es jedoch tatsächlich Außerirdische geben, dann werden sie mit Sicherheit ebenfalls über die »21-Zentimeter-Linie«-Bescheid wissen.

»Hyperfeinstrukturübergang des Wasserstoffs« und »21-Zentimeter-Linie« sind kryptische Begriffe, die sich auf dasselbe Phänomen beziehen. Es geht um Licht im Radiowellenbereich des elektromagnetischen Spektrums, um Strahlung bei einer Wellenlänge von 21,10611405416 Zentimetern, die Aufschluss darüber geben kann, wann das dunkle Zeitalter des Universums zu Ende ging.*

Ich habe in den vorherigen Kapiteln immer wieder darauf hingewiesen, dass Atome und Moleküle Licht aussenden können, wenn sie auf die richtige Weise angeregt werden. Das tun

* Das ist kein exakter Wert, sondern eine durch Messungen bestimmte Zahl.

sie nicht nur in den für unsere Augen sichtbaren Farben, sondern in allen Wellenlängen – und es gibt eine ganz spezielle Art der Anregung, die das 21-Zentimeter-Licht produziert. Sie geht auf Wasserstoff zurück, und genau dieses Element interessiert uns auch im Zusammenhang mit dem dunklen Zeitalter. Wie zuvor beschrieben, war das Universum damals voller Wasserstoffatome, die sich zuvor während der Rekombinationsepoche gebildet hatten. Ein normales Wasserstoffatom besteht aus einem positiv geladenen Proton, das von einem negativ geladenen Elektron in der Hülle umkreist wird. So weit zumindest das einfachste Modell. Aus den Erkenntnissen der Quantenmechanik wissen wir inzwischen, dass diese Vorstellung zwar anschaulich ist, dem tatsächlichen Atomaufbau jedoch nicht entspricht. Das sollte man im Hinterkopf behalten. Um den Ursprung der 21-Zentimeter-Linie und ihre Bedeutung für das dunkle Zeitalter zu veranschaulichen, können wir uns jedoch vorerst darauf beziehen.

Teilchen besitzen in der Beschreibung der Quantenmechanik eine Eigenschaft, die »Spin« genannt wird. Das klingt zunächst einmal nach Rotation und lässt uns an kleine Kügelchen denken, die um ihre eigene Achse rotieren. Der Spin beschreibt allerdings nicht die Drehung der Teilchen, sondern eine Eigenschaft, die sich unserer Vorstellungskraft entzieht. Das liegt nicht daran, dass man noch nicht genug darüber nachgedacht hätte oder dass den Wissenschaftlerinnen und Wissenschaftlern bisher kein passendes Bild eingefallen wäre, um den Spin zu veranschaulichen. Es gibt schlicht und einfach nichts in unserer »normalen« Welt, das geeignet wäre, eine Eigenschaft wie den Spin zu beschreiben. Wir wissen, dass Teilchen diese Eigenschaft haben, und wir können sie mathematisch beschreiben. Die Ergebnisse der Berechnungen liefern Daten, die mit den Beobachtungen übereinstimmen. Aber was in der Welt der Quantenmechanik wirklich abläuft, findet außerhalb der menschlichen Vorstellungskraft statt. Teilchen haben einen Spin, der sich mathematisch beschreiben lässt. Es bleibt uns nichts anderes übrig, als diese Tatsache zu akzeptieren.

Die beiden Spins, die Proton und Elektron eines Wasserstoffatoms haben, können zwei verschiedene Zustände annehmen, die man »parallel« und »anti-parallel« nennt. Im falschen Bild der sich drehenden Kugeln, das dennoch bei der Veranschaulichung dieses nur mathematisch zu fassenden Phänomens hilft, würde das bedeuten, dass die Rotationsachsen von Elektron und Proton entweder in dieselbe Richtung zeigen oder nicht. Im parallelen Zustand steckt ein kleines bisschen mehr Energie in den Teilchen, als wenn ihre Spins anti-parallel orientiert sind. Und damit sind wir wieder bei der Strahlung: Atome neigen dazu, einen Zustand mit möglichst wenig Energie einzunehmen. Wird ein Wasserstoffatom also gerade so angeregt, dass es genug Energie für seinen parallelen Zustand enthält, dann wird es diese Energie irgendwann wieder loswerden wollen. Das tut es durch die Abgabe von Strahlung. Beim Wechsel vom parallelen zum anti-parallelen Zustand sendet es Energie in Form von Licht mit einer Wellenlänge von 21 Zentimetern aus. Und damit ist auch klar, warum wir die hypothetischen Außerirdischen in unseren Botschaften mit diesem Wissen behelligt haben. Wasserstoff ist das häufigste und einfachste Atom im Universum. Er war von Anfang an da und ist es auch heute noch. Jedes intelligente Alien muss seine Bedeutung verstehen und wird auch über seine 21-Zentimeter-Strahlung Bescheid wissen. Natürlich werden die Außerirdischen diese Wellenlänge in einer anderen Längeneinheit als Zentimetern messen. Aber mithilfe des Wasserstoffs, so die Idee der Verfasser der Nachrichten, werden sie unsere Längeneinheiten in ihre umrechnen und unsere Botschaften so verstehen können.

Bis jetzt hat sich noch niemand aus dem Weltall bei uns gemeldet, also lassen wir die Aliens beiseite und kommen zurück zur Astronomie. Wasserstoffatome leuchten also im langwelligen Radiolicht. Aber als der niederländische Astronom Hendrik Christoffel van de Hulst das im Jahr 1945 als Erster herausfand, war er skeptisch, ob man das jemals durch Beobachtung würde beweisen können. Denn der Energieunterschied zwischen parallel und anti-parallel ist winzig – daher auch die Bezeichnung »Hyperfeinstrukturübergang«. Dementsprechend unwahrscheinlich ist es auch, dass das Atom genau die richtige Energie zur Anregung bekommt. Und weil der Unterschied so gering ist, hat es das angeregte Atom zudem nicht wahnsinnig eilig, die Energie wieder loszuwerden. Im Schnitt lässt es sich dafür zehn Millionen Jahre Zeit. Bei einem Laborexperiment hätte man daher keine Chance, diese Strahlung nachzuweisen. Aber im Universum gibt es sehr viel Wasserstoff und sehr viel Zeit. Auf kosmischer Skala sollten zu jedem Zeitpunkt ausreichend viele Wasserstoffatome vorhanden sein, die sich gerade durch einen Wechsel von parallel zu anti-parallel abregen und Strahlung aussenden. Und tatsächlich konnte die 21-Zentimeter-Strahlung aus dem Kosmos 1950 durch astronomische Beobachtungen mit Radioteleskopen nachgewiesen werden.

Mittlerweile nutzt die Astronomie das Licht des Wasserstoffs routinemäßig zur Erforschung aller möglichen Phänomene, denn Wasserstoff spielt überall im Kosmos eine Rolle. Besonders zentral war er jedoch, wie gesagt, im dunklen Zeitalter. Damals gab es *nur* neutrale Wasserstoffatome – und damit auch viel Gelegenheit für die Produktion der 21-Zentimeter-Strahlung. Aus den Wasserstoffatomen sind dann die ersten Sterne entstanden – deren Strahlung die Wasserstoffatome im Lauf der Zeit wieder ionisierte, die Elektronen also von den Atomkernen löste. Dieser Vorgang hat das dunkle Zeitalter beendet. Das Ende des dunklen Zeitalters war also auch das zeitweilige Ende des neutralen Wasserstoffs. Da er bei der Ionisierung sein Elektron verloren hat, gab es auch keine Möglichkeit für parallele oder anti-parallele Zustände. Der Wasserstoff hörte auf, im Radiolicht zu leuchten, und fing erst wieder damit an, als er sich die Elektronen zurückgeholt hat.

Wenn wir also nach dem 21-Zentimeter-Licht aus der fernen Vergangenheit suchen, dann sollten wir zuerst viel davon sehen, dann weniger und dann wieder mehr. Beobachtungen dieser Art sind nicht einfach, aber erste Ergebnisse deuten darauf hin, dass es 180 Millionen Jahre nach dem Urknall tatsächlich eine Phase gab, in der das Radiolicht des Wasserstoffs deutlich schwächer wurde. So wie das Licht der Mikrowellen uns das Baby-Foto des Universums zeigt, kann das Leuchten des Wasserstoffs im Radioteleskop das dunkle Zeitalter sichtbar machen. Die unsichtbaren Farben des Universums sind ebenso voll mit Informationen wie der bunte Regenbogen des sichtbaren Lichts. Und sie zeigen uns auch den gefährlichen Teil des Universums.

Das Weltall ist ein gefährlicher Ort für uns Menschen. Selbst wenn wir uns mit Raumschiffen und Anzügen vor dem Vakuum schützen, bleiben noch jede Menge unsichtbare Gefahren, die wir nur dann vernünftig verstehen können, wenn wir einen weiteren Blick auf das unsichtbare Licht werfen. Am Anfang dieser Geschichte stehen diesmal keine ausgeklügelten Teleskope, sondern die Ballonfahrten des österreichischen Physikers Victor Franz Hess. Im Jahr 1912 stieg er mit einem Heißluftballon über 5000 Meter hoch in die Atmosphäre, um dort die

»ionisierende Strahlung« zu erforschen. So nennt man all die Arten von Licht, die genug Energie in sich tragen, um Elektronen von ihren Atomkernen zu lösen und dadurch zu ionisieren. Diese Art der Strahlung ist es auch, die die Zellen von Lebewesen schädigen kann und vor der uns, wie oben beschrieben, die Atmosphäre glücklicherweise schützt.

Die Gefahr der ionisierenden Strahlung war uns aber nicht von Anfang an bewusst. Das sieht man ganz besonders gut bei der Röntgenstrahlung, die ebenfalls eine ionisierende Strahlung ist. Der deutsche Physiker Wilhelm Conrad Röntgen hat sie 1895 bei seinen Experimenten entdeckt. Heute setzen wir sie wegen ihrer durchdringenden Kraft zum Beispiel in der Medizin ein und wissen, dass Röntgenstrahlen nicht ungefährlich sind. Früher ging man damit deutlich lockerer um. Noch in den 1950er-Jahren standen etwa in vielen Schuhgeschäften (vor allem in den USA) sogenannte »Pedoskope«, mit denen man die Passform von Schuhen per Röntgenstrahlung prüfen konnte. Aus heutiger Sicht ebenso unvorsichtig war man bei der Erforschung und der Anwendung radioaktiver Strahlung. Die berühmte Forscherin Marie Curie, ihr Ehemann und Kollege Pierre Curie und die anderen frühen Pioniere der Radioaktivitätsforschung kümmerten sich seinerzeit kaum um Schutzmaßnahmen, genau wie die Firmen, die hinter dem neu entdeckten Phänomen ein Geschäft witterten. In einem Werbeprospekt für die deutsche Zahnpasta-Marke »Doramad« aus den 1940er-Jahren konnte man zum Beispiel Folgendes lesen: »Durch ihre radioaktive Strahlung steigert sie die Abwehrkräfte von Zahn u. Zahnfleisch. Die Zellen werden mit neuer Lebensenergie geladen, die Bakterien in ihrer zerstörenden Wirksamkeit gehemmt.« Aber spätestens seit den tragischen Folgen der Atombombenabwürfe auf die japanischen Städte Hiroshima und Nagasaki und dem Reaktorunfall in Tschernobyl wurde den meisten Menschen die Gefahr der Radioaktivität bewusst.

Ionisierende Strahlung, Röntgenstrahlung, radioaktive Strahlung – diese Vielfalt der unterschiedlich, aber doch verwandt wirkenden Begriffe kann verwirrend sein. Und was ist eigentlich mit Victor Franz Hess und seinem Ballon passiert? Keine Sorge, dorthin kommen wir gleich wieder zurück. Aber wenn wir wissen wollen, was der Österreicher dort oben in der Luft angestellt hat, müssen wir zuerst die Gemeinsamkeiten und Unterschiede der unsichtbaren Strahlungsarten klären. Das Universum jedenfalls interessiert sich nicht besonders dafür, was uns Menschen schaden kann oder nicht. Es leuchtet im Licht aller sichtbaren und unsichtbaren Farben, und dazu gehört auch das hochenergetische Licht der Gammastrahlung. Und bevor mit einem weiteren neuen Begriff alles noch verwirrender wird, kehren wir noch einmal zurück zu den vertrauten Regenbogenfarben des für unsere Augen sichtbaren Lichts.

Rotes Licht hat die längste Wellenlänge und Violett die kürzeste. Noch kürzer ist die Wellenlänge des ultravioletten Lichts, das wir nicht mehr sehen können. Hinter dem ultravioletten Teil des unsichtbaren Regenbogens kommt das Röntgenlicht, mit einer Wellenlänge, die kleiner als 10 Nanometer ist und damit circa 4- bis 800-mal kleiner als die der für uns sichtbaren Farben. Die Wellen der Gammastrahlung sind noch 1000-mal kürzer als die der Röntgenstrahlung. Auch hier handelt es sich um »Licht«, also um elektromagnetische Strahlung, die sich allein durch ihre Wellenlänge von den normalen Farben des Regenbogens unterscheidet. Sowohl ultraviolette Strahlung als auch Röntgen- und Gammastrahlung tragen genug Energie mit sich, um Atome ionisieren zu können, machen also gemeinsam die »ionisierende Strahlung« aus. Das Phänomen der Radioaktivität ist ein wenig komplexer. Es geht dabei um Atomkerne, in denen die Konfiguration der Kernbausteine (also der Protonen und Neutronen) nicht dauerhaft stabil ist. Sie können auseinanderbrechen und sich so von einem chemischen Element in ein anderes umwandeln. Bei diesen Zerfallsprozessen können sowohl Teilchen als auch Energie in Form von Licht ausgesandt werden. Die verschiedenen Zerfallsarten hat man mit griechischen Buchstaben sortiert. Beim Alpha-Zerfall wird Alpha-Strahlung frei, die aber nichts mit Licht zu tun hat, sondern aus Bruchstücken der Atomkerne besteht. Die Beta-Strahlung des gleichnamigen Zerfalls besteht aus energiereichen Elektronen (oder ihren Antiteilchen, den Positronen), ist also ebenfalls ein Strom aus Teilchen. Nur der Gamma-Zerfall führt dazu, dass die instabilen Atome hochenergetisches Licht aussenden, das die Gammastrahlung bildet.

Gammastrahlung entsteht aber nicht nur bei radioaktiven Zerfallsprozessen, sondern auch bei diversen anderen Vorgängen im Universum. Sie wird vor allem immer dann frei, wenn Teilchen mit sehr viel Energie stark beschleunigt oder gebremst werden. Das passiert im Universum immer wieder, zum Beispiel, wenn ein sehr großer Stern sein Leben mit einer Supernova-Explosion beendet oder wenn Materie in der Umgebung Supermassereicher Schwarzer Löcher auf enorme Geschwindigkeiten beschleunigt wird.

Von gigantischen Schwarzen Löchern in den Zentren ferner Galaxien, die riesige Ströme aus Teilchen durch das Universum schleudern, wusste Victor Franz Hess damals aber ebenso wenig wie von den Vorgängen in explodierenden Sternen. All das sollte erst in den kommenden Jahrzehnten entdeckt, erforscht und verstanden werden. Hess wollte vorerst nur herausfinden, wie gut Elektrizität durch Luft geleitet werden kann und ob die

Leitfähigkeit von der Höhe über dem Boden abhängt. Deswegen führte er seine Experimente in einem mit entsprechenden Messgeräten ausgestatteten Ballon durch. Die Ergebnisse waren seltsam: Bis zu einer Höhe von circa 1000 Metern leitete die Luft die Elektrizität sukzessive schlechter, dann aber stieg die Leitfähigkeit wieder stark an, bis sie auf 5000 Meter Höhe ungefähr das Dreifache des Werts am Erdboden erreichte. Hess hatte außerdem noch Instrumente mit dabei, die radioaktive Strahlung messen konnten – und auch die stieg mit der Höhe an. Das alles schien verwirrend. Es hatte auch zuvor schon ähnliche Versuche gegeben, die eine Abhängigkeit der Leitfähigkeit von der Höhe nahelegten, aber dafür machte man üblicherweise Messfehler verantwortlich. Denn um die Luft elektrisch leitfähig zu machen, muss man sie ionisieren. Nur wenn die Elektronen von den Kernen der Atome in der Luft getrennt werden, kann sich Strom darin ausbreiten. Dafür braucht es ionisierende Strahlung, wie sie zum Beispiel bei radioaktiven Zerfällen erzeugt wird. Im Gestein der Erde findet sich immer eine gewisse Menge an natürlichen radioaktiven Elementen, und wenn diese Strahlung für die Ionisierung der Luft verantwortlich ist, dann sollte der Effekt umso geringer ausfallen, je weiter man sich vom Erdboden entfernt. Wenn die Luft aber in großen Höhen so viel stärker leitfähig ist als weiter unten, dann muss es auch eine ionisierende Strahlung geben, die aus dem Weltall kommt. Das war die durchaus geniale Schlussfolgerung von Victor Franz Hess, der für die Entdeckung dieser »Höhenstrahlung« im Jahr 1936 den Nobelpreis für Physik erhalten hat.

Wir nennen das Phänomen heute allerdings nicht mehr so, sondern »kosmische Strahlung« und wissen auch viel genauer, was Hess damals beobachtet hat. Im Kapitel über die Farbe Orange habe ich von der Aktivität der Sterne erzählt, die mal mehr und mal weniger wild brodeln und dabei Teilchen aus ihren äußeren Gasschichten hinaus ins All schleudern. Es sind die Atomkerne von Wasserstoff und Helium, den Hauptbestandteilen eines Sterns, die mit großer Geschwindigkeit durch den Weltraum sausen (und zu einem sehr geringen Teil auch Atomkerne anderer chemischer Elemente). Wenn sie dabei auf die Moleküle der Erdatmosphäre treffen, können sie nukleare Reaktionen auslösen. Die Stickstoff- und Sauerstoffatome werden durch die hochenergetischen Teilchen der kosmischen Strahlung quasi zertrümmert, und auf diese Weise entstehen andere Teilchen, die aber meist selbst wieder instabil sind und nach Sekundenbruchteilen weiter zerfallen. Dadurch entsteht Energie in Form von Gammastrahlung, die sich weiter in Richtung Erdboden bewegt und dabei weitere Reaktionen auslösen kann. Ein einzelner energiereicher Kern eines Wasserstoffatoms, der auf ein Stickstoffatom der Luft trifft, kann so am Ende einen Schauer aus Millionen Teilchen und jeder Menge Gammastrahlung auslösen, von denen aber nur ein Bruchteil tatsächlich bis zur Erdoberfläche gelangt. Deswegen musste Hess auch mit einem Ballon so weit aufsteigen, um die Ionisierung der Luft messen zu können, die bei all diesen Prozessen verursacht wird.

Kosmische Strahlung ist also kein Licht, sondern besteht aus Teilchen, die aber bei ihrem Auftreffen auf die Erdatmosphäre unter anderem Gammastrahlung freisetzen, die mit den richtigen Instrumenten beobachtet werden kann, sofern die Instrumente entweder weit genug vom Erdboden entfernt oder sehr ausgeklügelt sind. Eines dieser ausgeklügelten Instrumente heißt »High Energy Stereoscopic System«, was das passende Akronym »H. E. S. S.« ergibt. Es wurde von einer Kollaboration deutscher Forschungseinrichtungen in Namibia errichtet und im Jahr 2002 in Betrieb genommen. Die Anlage besteht aus vier

Teleskopen, deren Spiegel jeweils etwa 12 Meter groß sind, und einem fünften Teleskop mit einem 28-Meter-Spiegel. Man kann mit ihnen allerdings keine Bilder astronomischer Objekte machen, wie es mit normalen Teleskopen möglich ist. Die Geräte stehen auch nicht in einer Sternwarte, sondern mitten in der Wüste. Ihre einzige Aufgabe besteht darin, extrem kurze und schwache Lichtblitze in der Atmosphäre zu registrieren. Genau zu diesem Zweck verfügen die Teleskope nicht nur über die große Spiegelfläche, sondern auch über schnelle Kameras mit sehr weitem Bildfeld. In einer klaren, dunklen Nacht kann die Anlage ein paar Hundert Lichtblitze pro Sekunde detektieren, und die meisten davon werden von der kosmischen Strahlung ausgelöst.

Im Kapitel über die Farbe Blau habe ich vom blauen Licht der überlichtschnellen Teilchen erzählt. Damals ging es um Neutrinos, die Reaktionen auslösen, durch die Teilchen entstehen, die sich schneller als die lokale Lichtgeschwindigkeit bewegen. Das Gleiche passiert auch, wenn kosmische Strahlung auf die Erdatmosphäre trifft. Die blauen Blitze der Tscherenkow-Strahlung, die von H. E. S. S. gemessen werden, zeigen uns, wie oft das passiert und wie viel Energie die Teilchen der kosmischen Strahlung hatten. Dieses blaue Leuchten erlaubt uns, die ansonsten unsichtbare kosmische Strahlung nachzuweisen.

Neben H. E. S. S. gibt es noch weitere solcher »Luft-Tscherenkow-Teleskope«. Für sie ist das Licht der kosmischen Strahlung der Sonne und anderer naher Sterne eher störend. Sie sind vielmehr dafür gebaut worden, die Gammastrahlung nachzuweisen, die einen viel weiteren Weg durch das Weltall zurückgelegt hat und nur ein paar Tscherenkow-Blitze pro Minute auslöst. Mit ihnen lassen sich Phänomene erforschen, die uns ansonsten nicht zugänglich wären. Das Gammalicht aus dem fernen

All erlaubt es uns zum Beispiel, den Tod eines Sterns im Detail zu betrachten. Bei einer Supernova-Explosion wird Materie mit annähernd Lichtgeschwindigkeit in alle Richtungen geschleudert, und während das passiert, wird auch Gammastrahlung freigesetzt. Mit einer Kartierung dieses hochenergetischen Lichts kann man Schockwellen im Gas rund um die Sternexplosion sichtbar machen und all die anderen Phänomene im Universum, bei denen es so richtig wild zugeht: Schwarze Löcher in aktiven Galaxienkernen, kollidierende Sterne, verschmelzende Galaxien oder Sternexplosionen, die so heftig sind, dass man sie als »Hypernova« bezeichnet, weil ein einfaches »Super« nicht mehr ausreicht. Die extremen Ereignisse im Universum leuchten im Gammalicht, und wir müssen unsere Augen auch auf diese unsichtbare Farbe richten, wenn wir den Kosmos wirklich verstehen wollen.

Aber auch die kosmische Strahlung kann uns einiges über die unangenehmen Seiten des Weltalls verraten. Teleskope wie H. E. S. S. konzentrieren sich zwar auf den Nachweis der direkten Gammastrahlung, aber es gibt auch jede Menge Instrumente, die darauf spezialisiert sind, die Teilchen der kosmischen Strahlung nachzuweisen. Auf die Erde trifft vor allem die kosmische Strahlung der Sonne, aber sie ist nicht die einzige Quelle. Wenn wir wissen wollen, was da draußen sonst noch Teilchen mit enormer Geschwindigkeit durch die Gegend schleudert, müssen wir ihre Energie messen. Wenn die Sonne einfach nur normal vor sich hin leuchtet, erzeugt sie einen vergleichsweise ruhigen Strom aus Teilchen mit niedriger Energie. Wenn es aber zu Aktivitätsausbrüchen wie den »Kurzschlüssen« kommt, die ich im Kapitel über die Farbe Orange beschrieben habe, dann kann die Sonne ihre Teilchen auch mal mit mehr Energie ins All schießen. Wir beobachten aber immer wieder auch Teilchen, die so enorm viel Energie haben, dass sie definitiv nicht aus unserem Sonnensystem stammen können. In unserer ruhigen Ecke des Universums gibt es nichts, das extrem genug wäre, um Teilchen so stark zu beschleunigen. Diese seltenen, hochenergetischen Treffer müssen aus dem Zentrum der Milchstraße stammen oder aus den Zentren von weit entfernten anderen Galaxien. Nur die Supermassereichen Schwarzen Löcher, die sich dort befinden, haben genug Kraft, um Materie so stark anzutreiben. Wir haben allerdings auch schon ein paar Teilchen der kosmischen Strahlung beobachtet, für die wir keine allgemein anerkannte Erklärung haben. Sie tragen so viel Energie mit sich, dass kein uns bekannter Prozess im Universum dazu in der Lage wäre, sie zu erzeugen. Wir haben zwar gelernt, die unsichtbaren Farben aus dem All sichtbar zu machen – aber bei Weitem noch nicht alles verstanden, was diese Art des Lichts uns erzählen kann. So gefährlich Gammalicht und kosmische Strahlung für uns auch sein mögen – mit den Informationen, die darin stecken, werden wir am Ende vermutlich Entdeckungen machen, die wir uns heute noch gar nicht vorstellen können.

EPILOG

Über die wahre Farbe des Universums und den Hang der Wissenschaft zum Kaffee. Über all das, was wir da draußen vielleicht noch sehen könnten, wenn wir es endlich verstehen würden.

Ein Buch über die Farben des Universums kann eigentlich kein Ende haben – dafür gibt es zu viele Farben und vor allem viel zu viel Universum. Wir haben uns hier auf einen kleinen Teil des Kosmos beschränkt, und naturgemäß hätte man die große kosmische Geschichte noch um viele Kapitel erweitern können. All die farbigen Objekte, all die unterschiedlichen astronomischen Vorgänge und Phänomene, die ich in den vorangegangenen Kapiteln beschrieben habe, haben mit Licht und der Gesamtheit des elektromagnetischen Spektrums zu tun. Die einzige Ausnahme bildeten die Neutrinos aus dem Kapitel über die Farbe Blau, bei denen es sich um Teilchen handelt, die die Kraft des Elektromagnetismus nicht spüren – die wir aber zum Glück dennoch indirekt anhand der Farben, die sie verursachen, nachweisen können. Eine Geschichte des Universums anhand seiner Farben ist auch eine Geschichte des Sehens. Am Ende dieses Buchs müssen wir jedoch noch einen kurzen Blick auf etwas werfen, das tatsächlich *nicht zu sehen* ist. Nicht weil es farblos wäre oder in einem Licht strahlen würde, das unsere Augen und Teleskope nicht wahrzunehmen imstande sind – sondern weil die Definition von »Sehen« selbst nicht darauf angewandt werden kann. Die Rede ist von der Dunklen Materie.

Alles, was im Universum geschieht, geschieht durch die Einwirkung von vier grundlegenden Kräften. Zwei davon, die Gravitation und den Elektromagnetismus, erleben wir in unserem Alltag. Die Gravitationskraft hält uns auf der Erdoberfläche fest, und der Elektromagnetismus lässt uns die Dinge sehen. Die beiden anderen Kräfte sind ebenso wichtig, wirken aber nur im Inneren der Atome und tragen weniger sprechende Namen. Sie heißen »starke Kernkraft« und »schwache Kernkraft«. Die Details der Wirkungsweise dieser Kräfte sind komplex. Wir können uns an dieser Stelle auf einen Aspekt beschränken: Die starke Kernkraft sorgt für den Zusammenhalt der Protonen und Neutronen und die schwache Kernkraft ist unter anderem verantwortlich dafür, dass die geisterhaften Neutrinos in seltenen Fällen eben doch mit dem Rest der Materie in Wechselwirkung treten und in der Folge die blauen Tscherenkow-Blitze auslösen können, dank denen wir ihnen auf die Spur gekommen sind.

Die Neutrinos sind ein Beispiel für das, was man »Dunkle Materie« nennt, allerdings wissen wir auch, dass es noch sehr viel mehr andere Dunkle Materie geben muss, die nicht aus Neutrinos besteht. Seit mehr als hundert Jahren zeigen Beobachtungen, dass sich die Objekte im Universum nicht so bewegen, wie sie es tun sollten, wenn es darin nur die »normale« Materie gäbe – also nur das, was wir an Galaxien, Sternen und Gaswolken tatsächlich sehen können. Galaxien in ihren Galaxienhaufen, Sterne in ihren Galaxien: Alles bewegt sich in einer Art, als wäre noch viel mehr Materie vorhanden, die Gravitationskraft ausübt und die Bewegungen der Himmelskörper dadurch beeinflusst. Hinweise aus der Teilchenphysik und Kosmologie legen ebenfalls nahe, dass es im Universum große Mengen von etwas geben muss, das zwar eine Gravitationskraft ausübt, aber nicht über die elektromagnetische Kraft wechselwirkt –

also per Definition *nicht zu sehen* ist. Dieses Etwas, das den Namen »Dunkle Materie« erhalten hat, hätte man wohl treffender »Transparente Materie« oder sogar »Unsichtbare Materie« nennen können. Denn wenn es sie gibt – und das ist in der Astronomie weitgehend unbestritten –, dann verhält sie sich so wie die Neutrinos, und wir können sie nicht sehen.

All die Atome, von denen in diesem Buch die Rede war, das Material, das in den Sternen, Galaxien und überall dazwischen in sichtbaren und unsichtbaren Farben leuchtet, machen nur 20 Prozent der gesamten Materie im Universum aus. Von den restlichen 80 Prozent wissen wir, dass sie vorhanden sein und Gravitationskraft ausüben müssen, denn nur so lassen sich die Bewegungen der Objekte, wie wir sie beobachten, erklären. Diese 80 Prozent spüren die elektromagnetische Kraft nicht und sind daher »dunkel«, so wie Neutrinos. Aber auch wenn es sehr, sehr viele von ihnen gibt, ist ihre Masse zu gering, um diese unbekannten 80 Prozent der Materie erklären zu können. Es muss also andere Teilchen geben, die sich ähnlich wie die Neutrinos verhalten und die wir bis jetzt noch nicht entdeckt haben.

Wenn es sie gibt, dann sausen auch sie, wie die Neutrinos, permanent durchs Universum und durch uns hindurch, ohne nennenswerte Spuren zu hinterlassen. Welche Art von Teilchen die Dunkle Materie bilden, gehört zu den spannendsten offenen Fragen der modernen Naturwissenschaft. Die meisten Hypothesen gehen davon aus, dass es sich nur um eine einzige Art von Teilchen handelt und dass das Universum von gigantischen Wolken durchzogen ist, die daraus bestehen. Es ist aber auch vorstellbar, dass die Dunkle Materie ebenso komplex ist wie die Welt der für uns normalen Atome. Vielleicht gibt es unterschiedliche Arten Dunkler Materie, die durch »dunkle« Kräfte, die wir ebenfalls noch nicht entdeckt haben, miteinander wechselwirken und eine ebenso große Vielfalt an »dunklen Elementen« bilden, wie wir sie im Periodensystem der normalen Elemente sehen. Und wenn dem so ist, dann gibt es vielleicht auch eine Art von »dunklem Elektromagnetismus«, der diese unbekannte Art der Materie in einem »dunklen Licht« leuchten lässt und einem ganzen Spektrum an »dunklen Farben«, die sich unserer Vorstellungskraft völlig entziehen.

Wie das Universum in diesen unvorstellbaren dunklen Farben »aussehen« könnte, werden wir, wenn überhaupt, höchstens mit den abstrakten Augen der Mathematik in Erfahrung bringen können. »Sehen«, wie gesagt, ist in diesem Fall nicht möglich.

Dafür wissen wir jedoch, welche Farbe das Universum für unsere menschlichen Augen hätte, wenn wir es in seiner Gesamtheit betrachten könnten. Ich habe dieses Buch mit der Frage nach der Farbe des Universums begonnen und erklärt, dass »Schwarz« die falsche Antwort ist. Schwarz ist es nur dort, wo nichts ist, aber wie wir gesehen haben, gibt es im Kosmos jede Menge Objekte, die in allen vorstellbaren und nicht vorstellbaren Farben leuchten. Angesichts der gewaltigen Ausmaße des Universums verschwindet ihr Licht am Ende jedoch im dunklen Nichts. Was aber, wenn wir eine Art universalen Dimmschalter hätten, mit dem wir die Helligkeit der Sterne und Galaxien maximal aufdrehen können? Welche Farbe würden wir dann sehen, wenn wir »von außen« auf das Universum schauen?

Das klingt nach einer eher unwissenschaftlichen Frage. Sie wurde dennoch wissenschaftlich beantwortet. Im Jahr 2002 haben die Astronomen Ivan K. Baldry, Karl Glazebrook und ihr Team einen Fachartikel veröffentlicht, der den Titel »Die 2dF-Galaxien-Rotverschiebungsdurchmusterung: Einschränkungen für die Geschichte der kosmischen Sternentstehung anhand des kosmischen Spektrums« trägt. Mit der Farbe des Universums hat das vorerst nichts zu tun, dafür aber mit dem »Two-degree-Field Galaxy Redshift Survey«. Das ist ein großer Katalog, der mehr als 200 000 Galaxien erfasst. Von all diesen Galaxien hat man unter anderem auch ein Spektrum aufgenommen. Man kennt also die genaue Zusammensetzung der Lichtmischung, die von den Sternen der Galaxien erzeugt wird. Diesen Katalog haben die Forscherinnen und Forscher benutzt, um ein »kosmisches Spektrum« zu erzeugen. Die Galaxien des Katalogs decken einen ausreichend großen Ausschnitt des Himmels ab, um davon ausgehen zu können, dass er repräsentativ ist. Würde man Galaxien aus einer anderen Gegend des Himmels benutzen, würde man also auch die gleichen oder zumindest vergleichbare Ergebnisse erzielen. Um das kosmische Spektrum zu erhalten, hat die Forschungsgruppe zuerst die Farben aus allen Galaxien zusammengemischt und diese dann wieder in die einzelnen Anteile zerlegt. Hochgerechnet auf den ganzen Kosmos liefert dieses Spektrum dann die Information, wie viel rotes Licht im Universum existiert, wie viel gelbes Licht, wie viel grünes Licht – und so weiter.

Baldry, Glazebrook und Co. wollten mit ihrer Arbeit in erster Linie herausfinden, wie sich die Rate der Sternentstehung im Laufe der Zeit entwickelt hat. Aus dem kosmischen Spektrum konnten sie ablesen, dass es in der Vergangenheit vor allem junge, heiße Sterne gab, die blau leuchteten, und dass sich das Licht erst später in Richtung Rot wandelte, als das Universum bereits älter geworden war. Das ist noch nicht weiter überraschend; genau das war zu erwarten. Aber es entstehen ja immer wieder neue Sterne, die dann ebenfalls blau leuchten, und die alten, roten Sterne verschwinden irgendwann. Aus einer detaillierten Analyse des kosmischen Spektrums lässt sich also ermitteln, wie viele Sterne zu einem bestimmten Zeitpunkt der Geschichte des Universums jeweils entstanden sind. Das Ergebnis: Die Mehrheit der heute vorhandenen Sterne hat sich vor ungefähr sechs Milliarden Jahren gebildet. Damals ging es rund in Sachen Sternentstehung und unsere Sonne scheint eher eine Nachzüglerin zu sein, die erst 1,5 Milliarden Jahre nach diesem Höhepunkt, vor 4,5 Milliarden Jahren, das Licht der Welt erblickte.

Mit der Farbe des Universums hat auch das vorerst noch nichts zu tun. Man kann die Daten aus der Arbeit von Baldry, Glazebrook und Co. allerdings verwenden, um sie zu bestimmen – und genau das haben die Forscherinnen und Forscher auch getan. Dazu haben sie alle Farben des kosmischen Spektrums zusammengemischt. Das Resultat ist dann aber nicht das, was auch unsere Augen wahrnehmen würden. Dazu muss man wissen, welche Farbwahrnehmung ein physikalischer Farbreiz, der auf das Auge trifft, in uns auslöst. Dafür gibt es entsprechende Systeme und Berechnungsmethoden, die auf Physik, Biologie und Psychologie basieren. Eines davon, das CIE-Normvalenzsystem, hat das Team verwendet, um die Farbe zu bestimmen, in der uns das Licht des gesamten kosmischen Spektrums erscheinen würde. In einem zweiten Schritt erhöhte die Gruppe die Helligkeit dieses Farbtons dann so stark, dass unsere Augen ihn auch tatsächlich wahrnehmen würden. Und das Ergebnis ist: Beige.

Die Farbe des Universums ist tatsächlich ein unspektakuläres, weißliches Beige.* Und weil das Karl Glazebrook nicht aufregend genug war, hat er einen Wettbewerb gestartet, um einen beeindruckenderen Namen für die Farbe des Universums zu

* Der entsprechende Hexadezimalcode im RGB-Farbraum lautet #FFF8E7.

finden. Die Vorschläge reichten von »Big Bang Beige« über »Skyvory« bis hin zu dem Begriff, auf den die Wahl am Ende fallen sollte: »Cosmic Latte«.

In Cosmic Latte steckt der italienische Begriff für »Milch«, was an die Milchstraße mit ihren Sternen erinnert. Es kommt das Wort »Kosmos« darin vor. Und am Ende erinnert es auch an das entsprechende Heißgetränk, und Kaffee trinkt man in den Büros und Labors aller Universitäten mit großer Begeisterung.

Dieses Buch endet also mit dem öden Beige des Cosmic Latte. Man kann bedauern, dass sich das Universum keine aufregendere Farbe ausgesucht hat. Aber letztlich verbergen sich in diesem Beige all die spektakulär bunten Regenbogenfarben und die nicht weniger spektakulären unsichtbaren Farben, die wir auf den letzten Seiten kennengerlernt haben. Jede Farbe steuert der Geschichte des Universums ihre ganz eigenen Wendungen bei – und da ist auch das kosmische Beige keine Ausnahme.

DANK

Auch wenn nur mein Name auf dem Cover dieses Buches steht, hätte ich es selbstverständlich nicht alleine fertigstellen können. Ohne die ständige Unterstützung meiner Frau Eva hätte es dieses Buch nicht gegeben, und die Farben des Universums wären draußen im All geblieben. Sie hat die Hektik des Schreibens ebenso akzeptiert wie meine zeitweilige Abwesenheit (sowohl geistig als auch körperlich) und mich trotzdem immer mit Ideen und Inspiration bei der Arbeit unterstützt.

Meine Lektorin Annika Domainko hat auch bei diesem Buch dafür gesorgt, dass es am Ende besser geworden ist, als ich es alleine hätte schreiben können. Und auch dem Rest des Hanser Verlags danke ich dafür, dass es in ansprechender Form, korrektem Deutsch und einem schönen Cover in den Buchhandlungen gelandet ist.

Heinz, Claudia Frick, Willi Domainko und Norbert Siller haben das Buch vorab gelesen und mich auf Fehler und Verbesserungsvorschläge hingewiesen. Ruth Grützbauch hat das ebenfalls getan und darüber hinaus in vielen Gesprächen Inspiration und Hilfe geliefert.

QUELLEN UND BUCHEMPFEHLUNGEN

Es gibt viele Bücher über Farben und viele über das Universum, aber kaum Bücher über die Farben des Universums. Deswegen habe ich mein Buch ja auch geschrieben. Was es aber selbstverständlich gibt, sind viele gute Bücher, die die Themen vertiefen, die ich in den vorangegangenen Kapiteln vorgestellt habe.

Ein Buch, das man auf jeden Fall lesen sollte, ist »Quantenlicht. Das Jahrzehnt der Physik 1919–1929« von Thomas de Padova. Es erzählt die Geschichte all der Menschen, die in den 1920er-Jahren zu verstehen versuchten, was es mit Licht auf sich hat. Wer mehr über Schwarze Körper, Welle-Teilchen-Dualismus, Spektrallinien und Atome wissen will, wird mit diesem wunderbaren Buch auf jeden Fall zufrieden sein.

Überhaupt nichts über Astronomie, aber sehr viele schöne Geschichten über Farben kann man in »Alle unsere Farben. Eine schillernde Kulturgeschichte« von Michel Pastoureau lesen. Wer sich gerne ein wenig wissenschaftlicher mit Farben beschäftigen möchte, findet in »The Book of Colour Concepts« von Alexandra Loske und Sarah Lowengard 400 Jahre an Geschichte der Farbtheorie auf fast 1000 großformatigen Seiten versammelt.

Mehr über die Menschen, die ich im Kapitel über die Farbe Rot vorgestellt habe, kann man in den Büchern »Fraunhofers Spektren. Die Präzisionsoptik als Handwerkskunst« von Myles W. Jackson, »Christian Doppler« von Clemens M. Hutter und

»Attention Is Discovery. The Life and Legacy of Astronomer Henrietta Leavitt« von Anna Von Mertens erfahren. Insbesondere das letzte Buch ist wegen seiner zahlreichen Abbildungen und thematischen Vielfalt definitiv lesenswert.

Jede Menge Geschichten über den Mars findet man in »The Big Book of Mars. From Ancient Egypt to The Martian, A Deep-Space Dive into Our Obsession with the Red Planet« von Marc Hartzman. Und viele Details über das »Galaxy Zoo«-Projekt kann man in »Reinventing Discovery. The New Era of Networked Science« von Michael Nielsen nachlesen.

Wie man Teilchen findet, die nicht zu sehen sind, wird im Buch »The Neutrino Hunters. The Chase for the Ghost Particle and the Secrets of the Universe« von Ray Jayawardhana erzählt. Und wie die astronomischen Objekte zu ihren Farben auf den Bildern kommen, die wir überall in den Medien sehen, kann man in den Büchern »Coloring the Universe. An Insider's Look at Making Spectacular Images of Space« von Travis Rector, Kimberly Arcand und Megan Watzke und »Licht im Dunkeln. Schwarze Löcher, das Universum und wir« von Heino Falcke und Jörg Römer lesen.

Quasi das Gegenstück zu meinem Buch ist »Sternenjahr auf Unsichtbar. 12 Himmelsphänomene, die wir nicht sehen, obwohl sie da sind« von meiner Kollegin Ruth Grützbauch, die sich auf äußerst spannende Art und Weise nicht mit den bunten Dingen des Kosmos beschäftigt, sondern mit denen, die wir nicht sehen können.

Selbstverständlich empfehle ich auch noch gerne meine eigenen Bücher, in denen viele hier angesprochenen Themen ausführlicher dargestellt sind. Wer noch mehr über die Astronomie aus meiner Sicht erfahren will, ist also herzlich eingeladen, sich aus dieser Liste zu bedienen:

»Der Komet im Cocktailglas. Wie Astronomie unseren Alltag bestimmt«

»Die Neuentdeckung des Himmels. Auf der Suche nach Leben im Universum«

»Asteroid Now. Warum die Zukunft der Menschheit in den Sternen liegt«

»Newton – Wie ein Arschloch das Universum neu erfand«

»Hawking in der Nussschale. Der Kosmos des großen Physikers«

»Eine Geschichte des Universums in 100 Sternen«

»Eine Geschichte der Welt in 100 Mikroorganismen«

Wer lieber hört, anstatt zu lesen, kann in meinem Hörbuch »Sternengeschichten. Die Geheimnisse des Universums« einen ausführlichen Überblick über die Phänomene der Astronomie bekommen.

Und wer noch mehr wissen will, wird in den Buchläden und Bibliotheken mit Sicherheit noch sehr viel mehr passende Lektüre finden. Oder man legt die Bücher ausnahmsweise zur Seite und schaut einfach hinauf in den Himmel und hinaus in die Welt auf die Farben des Universums.

REGISTER